【美】马丁·加德纳◎著

封宗信◎译

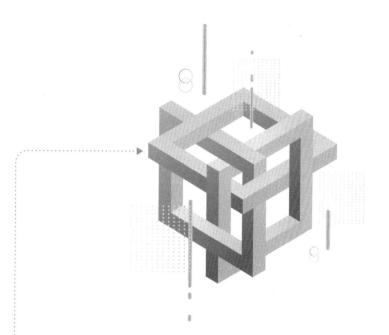

Paradoxes
& Fallacies

Hexaflexagons and
other Mathematical Diversions

悖论与谬误

上海科技教育出版社

图书在版编目(CIP)数据

悖论与谬误/(美)马丁·加德纳著;封宗信译.—上海:上海科技教育出版社,2020.7(2024.7重印)

(马丁·加德纳数学游戏全集)

书名原文:Hexaflexagons and other Mathematical Diversions

ISBN 978-7-5428-7232-6

Ⅰ.①悖… Ⅱ.①马… ②封… Ⅲ.①数学—普及读物 Ⅳ.①O1-49

中国版本图书馆CIP数据核字(2020)第041387号

纪念塔尔萨市中心高级中学的保利娜·贝克·佩里

指引我在无穷无尽的迷宫中探索的第一位向导

目　录

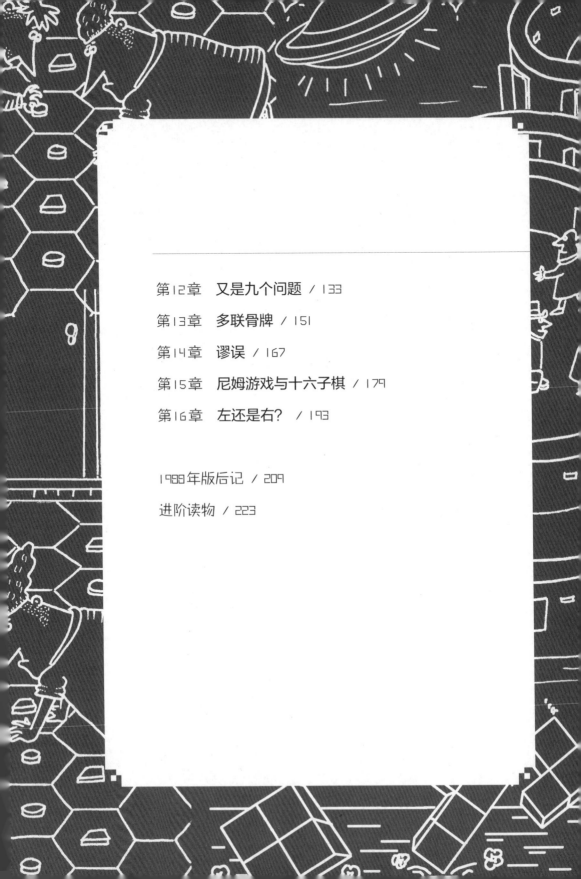

中译本前言

本书原名为 *The First Scientific American Book of Mathematical Puzzles and Games*，是马丁·加德纳在《科学美国人》杂志上发表的"数学游戏"专栏文章的第一本集子。作者引用大量翔实的资料，将知识性和趣味性融为一体，大多以娱乐和游戏为线索，以严密的科学思维和推理为基础，引导、启迪读者去思考和重新思考。作者对传统数学中那些似乎高深莫测的难题给出了简单得令人难以置信的解答，对魔术戏法进行了深入浅出的分析，对赌场上的鬼把戏作了科学的剖析和透视……既有娱乐功能，又有教育功能。

本书的出版可谓好事多磨。十多年前我在北京大学，与潘涛兄同住现已不复存在的39楼。潘兄师从何祚庥教授，研读的外文书大都是有关伪科学（pseudo-science）和灵学（parapsychology）的。隔行如隔山，茶余饭后阅读《中华读书报》是我们唯一的共同兴趣，很快几年时间就过去了。北大百年校庆后不久，潘博士决定去上海科技教育出版社发展。我这才想起该社曾出版过马丁·加德纳的书。潘兄显然没料到英语语言文学系会有人知道这位数学大师。当我把自己曾翻译过加德纳的趣味数学以及好几家出版社因无法解决版权问题而一直搁浅的故事讲给他,并从我书架底层尘封的文件袋里翻出手稿时,我们两人都"相见恨晚"。

本书稿的"起死回生",偶然中有必然。后来,潘博士从上海科技教育出版社版权部来电说,版权问题需要等机会。我也渐渐把书稿放到了脑后,一心忙自己的正业——"毁"人不倦。直到前些时候潘博士电告,版权终于解决。虽属意料之中,但仍不由得感到惊喜。

再看十多年前为中译本写的《译者前言》,深感"此一时,彼一时"。虽说在汗牛充栋的趣味数学读物中,马丁·加德纳渊博的学识、独到的见解、传奇般的经历、惊人的洞察力和独树一帜的讲解与叙事风格值得大力推介,但在已出版了"加德纳趣味数学系列"的上海科技教育出版社出版该书,则无需再介绍这位趣味数学大师了。因此,原来那份为之感到有些得意的《译者前言》只好自动进入垃圾箱。

本书稿能最终面世,我要衷心感谢潘涛博士和上海科技教育出版社。这也算是继我和同事合作翻译《美国在线》之后,我与上海科技教育出版社的又一次合作。特别要感谢本书责任编辑卢源先生为此付出的辛劳。

由于译者知识水平有限,译文中谬误之处在所难免,请广大读者不吝指正。

封宗信

2007年夏 清华园

序言

    本书是我在过去25年里给《科学美国人》杂志"数学游戏"专栏撰写的第一本文章合集的新版。其中第1章"变脸六边形折纸"是发表在该刊1956年12月上的一篇文章。该杂志的出版商皮尔(Gerard Piel)提议出一个趣味数学的定期专栏,本书第2章就是始于1957年1月的这个专栏的第一篇文章。

    自从本书1959年问世以来,其中涉及的题目已有很多新的发现和论述,不重新排版并修订文字是不可能的了。因而,我写了一个很长的后记,把最有意义的新成果作了简要的总结。除了讨论短小问题的那两章没有参考文献外,其余各章的参考文献都已作了更新。

马丁·加德纳

1988年

第 1 章

变脸六边形折纸

变脸折纸是纸制的多边形,用直的或弯的纸条折叠而成,其特点是折曲时能变换面孔。要不是英国人和美国人用的笔记本纸张的大小有所不同,变脸折纸也许仍未被发现,而大批一流的数学家也就无法享受分析这种玩意儿的结构给他们带来的乐趣。

这一切都始于1939年秋天。普林斯顿大学数学专业一位来自英国的23岁研究生斯通(Arthur H. Stone),刚刚把从美式笔记本里取下来的纸裁掉一英寸,以便装在他自己的英式笔记本夹子里。他把裁下的纸条折来折去弄着玩,突然发现折出来的形状里有一种特别好玩。他在三处把纸条斜对角折叠,并把两端接起来,做成了一个六边形(见图1.1)。当他把相邻的三角形两两捏在一起,并把六边形的不相邻的顶角往中间集中时,该六边形就会像盛放的花儿一样再次打开,并展现出一张新脸。假如把原来的六边形之顶面和底面涂成不同颜色,新翻出来的脸会是空白的,而涂过颜色的一张脸却不见了!

这种即将被发现的第一个变脸折纸结构共有三张脸。斯通想了一夜,第二天(通过纯粹的思考)证实了自己的想法,那就是能用一个更为复杂的六边形模型折叠出六张脸,而不仅仅是三张脸。这时候,斯通发现这种结构很有意思,就把他的纸模型展示给研究生院的同学看。很快,"变脸折纸"在午餐和晚餐的

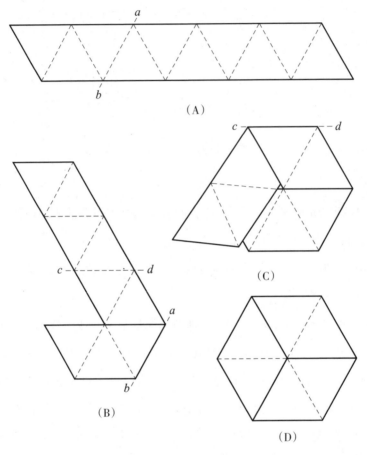

图1.1　三面变脸六边形折纸的制作方法是,裁出一个纸条,使它上面能标记出
10个等边三角形(A)。沿虚线ab往后折叠,并翻过来(B)。再沿虚线cd往后折
叠,并把倒数第二个三角形放在第一个三角形上方(C)。最后一个三角形向后折
叠,粘贴在第一个三角形的背面(D)。整个形状就可以折曲变化,如图1.3上图所
示。你不需要进行裁剪。用稍硬点的至少一英寸半宽的纸张折叠效果会较好。

桌子上大量出现。"变脸折纸委员会"随后便成立了,以便进一步研究变脸
折纸的秘密,其成员除斯通外,还有数学专业研究生塔克曼(Bryant Tucker-
man)、物理专业研究生范曼(Richard P. Feynman)和青年数学讲师图基
(John W. Tukey)。

4

这些模型被命名为"变脸六边形折纸",六边形指的是它们的形状,变脸折纸指的是它们的功能。斯通的第一个模型是个三面变脸六边形折纸,即能看到三张不同的脸。他的第二个精巧结构是个六面变脸六边形折纸,即能看到六张不同的脸。

制作六面变脸六边形折纸,可以从一个能分成19个等边三角形的纸条开始(最好是加法机上用的那种纸带子,见图1.2)。如图1.2A所示,对纸条一面上的三角形用1,2,3标号,让第19个三角形空着,再对纸条反面的三角形用4,5,6标号。现在折叠纸条,让反面有相同数字的面相贴,4贴4,5贴5,6贴6,以此类推。折叠出的纸条如图1.2B所示,然后沿虚线ab和(图1.2C中)虚线cd往后折叠,就成了一个六边形(图1.2D)。最后把那个空白三角形折下去,与纸条背面与之对应的空白三角形粘贴在一起。整个过程用带标

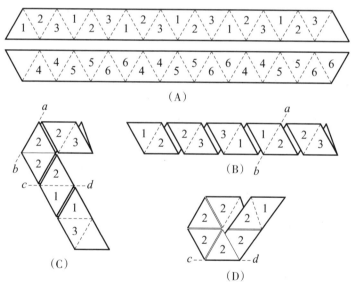

(A)

(C)

(B)

(D)

图1.2 六面变脸六边形折纸的制作方法是,裁出一个纸条,使它上面能标记出19个等边三角形(A)。对纸条一面上的三角形标号为1,2,3;另一面上的三角形标号为4,5,6。也可以使用彩色图案或几何图形以示区别。照图所示折叠出该六边形。这个模型可以翻折出六张不同的脸。

号的纸条来做,要比在这里描述起来简单得多。

如果你折叠的方法正确,这个六边形的一个可见脸上三角形的标注都是1,另一个脸上三角形的标注都是2。现在你的六面变脸六边形折纸就可以翻折了。把相邻两个三角形捏在一起(见图1.3),沿它们之间的线把纸弯曲,朝相反的角推去,展现出来的可能是标注3或5的脸。随意翻折,应该能顺利地翻出其他那些脸来。翻出标注4,5,6的脸要比翻出标注1,2,3的脸稍微难一点。有时候你会发现自己掉进了一个恼人的怪圈,一遍遍翻出的是同样的三张脸。

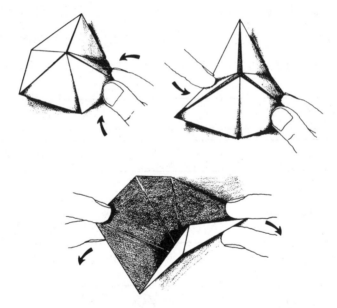

图1.3 三面变脸六边形折纸是通过把两个三角形捏在一起进行折曲(上图)。两个相对的三角形的内边可用两只手打开(下图)。如果打不开,那就是相邻一对三角形被连在一起了。如果能打开,就可以翻个里朝外,把原来看不见的一面亮出来。

塔克曼很快发现,最简单的能把任何变脸折纸的所有脸翻出来的方法是,在同一个角上不停地翻折,直到打不开为止,然后在下一个邻近的角上继续翻折。这个过程被称做"塔克曼穿越",它可以通过12次翻折,把变脸折纸模型的六张脸全翻出来,但1,2,3翻出来的次数是4,5,6的三倍。塔克曼穿越的示意图见图1.4,箭头表示各张脸被翻出来的顺序。这类示意图可用来解释所有类型的折纸变脸过程。当把模型翻过去时,塔克曼穿越的过程不变,只不过顺序刚好相反。

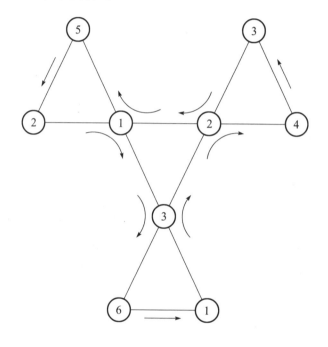

图1.4　六面变脸六边形折纸的塔克曼穿越

通过延长三角形组成的纸条,委员会发现可以做出9张、12张、15张甚至更多脸的变脸折纸。塔克曼设法做出了可以变出48张脸的模型!他还发现,用裁剪成锯齿形的纸条(即边不是直的)可以做出四面变脸六边形折纸和五面变脸六边形折纸。六面变脸六边形折纸有三种不同的形式,一种是用直的纸条做成,一种是用六边形的一个纸带做成,最后一种是用类似于三叶草叶子形状的纸条做成的。十面变脸六边形折纸有82种不同的变化,都是用奇形怪状的弯曲纸条做成的。变脸折纸可以做成任意张脸,且超过10张脸以后,每一种的不同变化数将以惊人的速率增长。顺便说一句,所有偶数张脸的变脸折纸都是由带有两个面的纸条做成的,但那些奇数张脸的变脸折纸却只有一个面,就像默比乌斯带[①]。

变脸折纸的完整数学理论是由图基和范曼在1940年创立的。该理论说明了设计任意大小和种类的变脸折纸的准确方法,以及其他一些问题。这个理论从来没有发表,尽管其中一些部分后来被其他数学家重新发现。致力于变脸折纸术的人中包括曾在国家标准局工作的塔克曼的父亲——著名物理学家路易斯·塔克曼(Louis B. Tuckerman)。老塔克曼为这个理论设计了一个简单而有效的树形图。

珍珠港事件使该委员会的变脸折纸项目停了下来,战事很快让这四位发起人各奔东西。斯通去了英国曼彻斯特大学当了数学讲师,现在在纽约的罗彻斯特大学。范曼是加州理工学院的著名理论物理学家。图基在普林斯顿大学当数学教授,因在拓扑学和统计理论领域作出了杰出贡献而蜚声海内外。塔克曼是纽约州约克敦海茨市的IBM研究中心的一位数学家。

近年来,该委员会希望召集人马写出一两篇论文,对变脸折纸理论作出权威性的阐释。在权威性理论出台之前,我们可以尽量折腾,看看我们自己能对该理论作出多少发现。

补 遗

用纸条制作变脸折纸模型的时候,在折叠前最好把所有折线来回折叠出折痕来,这样翻折起来就会很方便。有些读者做出了更耐用的模型,他们从硬

[①] 默比乌斯带是将一张纸条扭转180°后再将两端接在一起做成的,它只有一个面。——译者注

纸板或金属片上裁剪下三角形,用小块胶带纸黏接起来,或将它们粘贴在一条
长长的带子上,片与片之间留点空隙,以方便折叠。路易斯·塔克曼手头有一
套用钢条制成的变脸折纸。用适当宽的纸条包上钢条边缘,他能很快制作出
如图1.2B所示的那种折叠条。当用直的三角形链来做变脸折纸时,这样做会
节省很多时间。

读者们曾告诉我各种各样不同的方法来给变脸折纸的脸做装饰,可以做
出很好玩的趣题或展示非常好的视觉效果。比如,由于六面变脸六边形折纸
相对的三角形组件可以旋转,每张脸至少可以以两种不同的形式出现。因此,
如果我们把每一张脸按图1.5划分,对A,B,C三部分用不同颜色标记,那么当
这一张脸出现时,可能像图中所示那样A会在中心,也可能B或C会在中心。
图1.6显示了在一张脸上画上几何图形,让它以三种不同的组合出现的方法。

在通过三角形旋转可能出现的总共18张脸中,有三张脸是用直纸条做的
六面变脸六边形折纸变不出来的。这让一位记者想出了个办法,当把三幅画
的各部分粘贴在每一张脸上,并按照正确方法翻折模型的时候,会让人觉得能
够在折纸的中心组成一幅图画,而让另外两张画的片断围绕其边缘出现。在

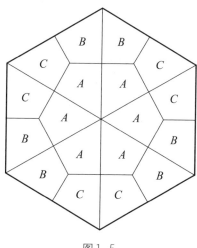

图1.5

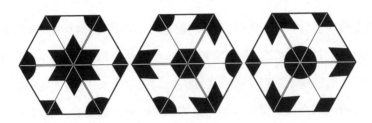

图 1.6

三个无法组合在一起的内六边形上，他贴了三幅清秀的未穿衣的年轻女子图画，称其为六面忧郁六边形折纸。另一位读者来信说，他把两个相邻三角形面粘贴在一起得到了类似的结果。尽管受骗者往模型里面窥看时会发现这一整张脸确实存在，但却无法把它翻折出来。

用直的纸条做的六面变脸六边形折纸只能出现15个不同的图案，这个说法还有待证实。对各张脸进行不对称着色，会揭示一个奇怪的事实，即这15个图案中有3个图案有镜像。如果把每个图案的内角用1—6的数字标记，并按顺时针顺序书写，你会发现其中三个图案会按逆时针顺序出现相同的数字。记住这个对称性，就可以说这个六面变脸六边形折纸的六张脸能展示出18种不同的布局。最初是伊利诺伊州蒙默斯学院的教育学教授尼古拉斯（Albert Nicholas）提醒我注意这个问题的。在1957年的头几个月中，他们那里玩变脸折纸简直入了迷。

我不知道是谁最早把印刷的变脸折纸用作广告性奖品或贺卡的。我最早收到的一个是三面变脸六边形折纸，是匹兹堡的拉斯特工程公司1955年为宣传他们的答谢宴会制作的。1956年，一个精致的显示不同彩色雪花图案的六面变脸六边形折纸被《科学美国人》用作圣诞卡。

读者如果想要制作和分析除本章描述的那两种以外的变脸折纸，这里有对一些低面数品种的扼要介绍。

1. 孤面变脸六边形折纸。把有三个三角形的纸带折平，两端相连，做成一个有三角形边缘的默比乌斯带（要做更精致的有三角形边缘的默比乌斯带，请

参见第7章）。因为它只有一个面,由六个三角形组成,可以称它为孤面变脸六边形折纸,尽管它不是六边形,而且无法翻折。

2. 双面变脸六边形折纸。就是从一张纸上裁出的六边形。它有两个面,但不能翻折。

3. 三面变脸六边形折纸。它只有本章描述过的一种形式。

4. 四面变脸六边形折纸。它同样只有一种形式,是由图1.7A所示的弯曲

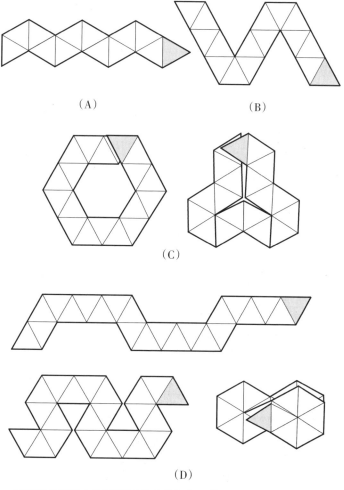

图1.7 用于折叠变脸六边形折纸的弯曲纸条。带阴影的三角形是粘贴的标记。

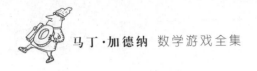

纸条折叠而成的。

5. 五面变脸六边形折纸。它只有一种形式,由图1.7B所示的纸条折叠而成。

6. 六面变脸六边形折纸。它有三种不同形式,各有特点。其中之一就是本章描述过的。另外两种由图1.7C所示的纸条折叠而成。

7. 七面变脸六边形折纸。它可由图1.7D所示的三个纸条折叠而成。第一个纸条可以用两种不同方法折叠,共产生四种不同形式。第三个纸条是重叠的8字形纸条,是被路易斯·塔克曼称为"街道变脸折纸"的第一种。通过在各张脸上标记适当数字,经由塔克曼穿越可以按顺序把七张脸移到最上面,恰如在街道上经过一排房子的门牌号码。

八面变脸六边形折纸有12种不同形式,九面变脸六边形折纸有27种,十面变脸六边形折纸有82种。对每一种面数的折纸,其不同形式的准确数字的算法不止一种,取决于你如何定义不同的形式。例如,所有的变脸折纸都有一个不对称结构,可以是左旋也可以是右旋,但镜像形式不应算做不同的形式。每一种面数的不等价变脸六边形折纸数的细节可参阅"进阶读物"中列出的奥克利(Oakley)与威斯纳(Wisner)合写的论文。

直的三角形链只能折叠出3的倍数张脸的变脸六边形折纸。十二面变脸六边形折纸中,有一种做起来非常简单。用一张制作六面变脸六边形折纸的两倍直链长度的纸条,"卷"成图1.2B中的形式,这时纸条就与制作六面变脸六边形折纸的纸条长度相同。把这个卷起来的纸条按制作六面变脸六边形折纸的方法折叠,结果就成了一个十二面变脸六边形折纸。

尝试制作更多面数的变脸折纸时,要记住一个简便的规则,就是相邻两段三角形区域内纸张数的和(即纸的厚度)总是等于脸的数量。有趣的是,如果给变脸折纸的每一张脸标记一个数字或符号,并给每个三角形组件标记符号,在打开的纸条上符号的顺序总是显示出三重对称。例如,图1.2中制作六面变

脸六边形折纸的纸条上,顶面和底面的数字如下:

123123　123123　123123

445566　445566　445566

与此相似的一个三重间隔是所有六面变脸六边形折纸的共同特征,尽管在奇数张脸的模型里,其中一个间隔总是颠倒过来的。

在读者寄来的上百封讨论变脸折纸的信里,以下两封最有意思,曾发表在1957年《科学美国人》3月号和5月号上。

先生们:

贵刊12月号上刊登的"变脸折纸"一文实在妙极了。我们只用了六七个小时就粘贴出了构造正确的六面变脸六边形折纸,粘成后就成了我们乐趣的源泉。

可我们遇到了麻烦。今天上午,我们的一位兄弟坐在那里随意把玩六面变脸六边形折纸,没料到自己的领带头被夹在一个折缝里。随着每一次翻折,领带越进越多,翻折第六次的时候,他整个人都消失了。

我们疯了一般地翻折着那个玩意儿,却没有找到他的丝毫踪迹,不过我们发现了六面变脸六边形折纸的第十六种结构。

我们的问题是:他的遗孀该领取他失踪期间的劳工赔偿呢,还是我们可以立即依法宣布他已死亡?盼复。

新泽西州克利夫顿

Allen B. Du Mont 实验室

厄普思格罗夫(Neil Upthegrove)

先生们:

贵刊3月号上刊登的那封 Allen B. Du Mont 实验室一员工失踪于六面变脸六边形折纸的信,为我们解开了一个谜。

有一天,我们正在摆弄着最新的一个六面变脸六边形折纸,很困惑地发现折出了一条多彩的玩意儿。接着翻折下去,最后竟吐出了一个谁也不认识的嚼着口香糖的家伙。

不幸的是,他的身体极度虚弱,由于失忆,他也说不清是怎么到我们这里来的。在我们的国宴——粥、苏格兰大杂烩和威士忌——调养下,现在他健康状况恢复了,在这里很受人喜欢,大家给他起了一个名字,一叫埃克尔斯(Eccles)他就答应。

我们的问题是:我们现在该不该把他还回去?如果该还回去,怎么还呢?不幸的是,埃克尔斯现在一看到六面变脸六边形折纸就退避三舍,绝对不愿意再被"翻折"了。

苏格兰格拉斯哥皇家科技学院

希尔(Robert M. Hill)

第 2 章
矩阵的魔法

幻方吸引数学家已有超过两千多年的历史。幻方的传统式样是这样一种结构，它可使每一行、每一列和每条对角线上的数相加的总和完全相同。但一种完全不同类型的幻方画在图2.1里。这个幻方看上去没有条理：数似乎在矩阵中随意分布。然而，这个幻方却拥有魔术般的特性，令大多数数学家和外行人吃惊不已。

19	8	11	25	7
12	1	4	18	0
16	5	8	22	4
21	10	13	27	9
14	3	6	20	2

图2.1

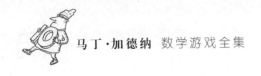

有个方便的办法来展示这种特性。准备好5个一分硬币和20个小纸贴（如纸梗火柴片），让人在幻方中随便取一个数，将一个一分硬币放在这个数上，并把同行和同列中的其他数全用纸贴盖住。然后，让旁观者在没有盖住的任何一个格子里选第二个数。同前面一样，将一个一分硬币放在这个数上，并把同行和同列中的其他数全用纸贴盖住。再重复这个过程两次，就只剩下一个方格未被盖了。用第五个一分硬币盖住它。

把硬币下的5个数相加，虽然貌似随机选取，但其和总是57。这不是偶然的。不论怎么重复试验，数的总和不变。

如果你对解决数学趣题感兴趣，也许会停下来分析这个幻方，看看自己是否可以发现其中奥妙。

像大多数戏法一样，这个戏法如果解释了，就会简单得令人难以置信。这实际上只不过是一个很老式的加法表，排列得比较诡异而已。这个表是由两组数生成的：12, 1, 4, 18, 0和7, 0, 4, 9, 2。这些数之和是57。如果你把第一组数以水平方向写在幻方的顶端行上方，把第二组数以竖直方向写在幻方的第一列旁（见图2.2），就马上会明白方格里的数是怎么确定的了。第

	12	1	4	18	0
7	19	8	11	25	7
0	12	1	4	18	0
4	16	5	8	22	4
9	21	10	13	27	9
2	14	3	6	20	2

图2.2

一个方格里(顶端行,第一列)的数是12与7之和,以此类推,全都是这样。

你可以构造出这么一个幻方,想要多大就做多大,数的组合随你确定。幻方中有多少个方格或需要些什么数,都没有什么关系。它们可以是正数,也可以是负数,可以是整数,也可以是分数,可以是有理数,也可以是无理数。成型后的数字表总是拥有这个魔术般的特性,即按前述程序得出来的一个数总是生成该表的两组数之和。在上例中,你可以把57分成相加之和与之相等的任何10个数。

这个戏法后面隐藏的规律现在很清楚了。方格中的每个数代表两组生成该表的数中的一个数对之和。把硬币放在某个数上时,该数对便被去掉。这个程序要求每个硬币放在不同的行和列里。因此,五个硬币就覆盖了10个生成该表的数组合成的五个不同的数对之和,它与10个数的总和相等。

用幻方矩阵构造出一个加法表的最简便办法之一是,在左上方从1开始从左到右放连续整数。这种形式的一个4×4幻方矩阵就成了一个可用于1,2,3,4和0,4,8,12两组数的加法表(见图2.3)。这个矩阵得出的数是34。

得出的这个数当然是该幻方尺寸的函数。如果 n 是一条边上的方格数,

	1	2	3	4
0	1	2	3	4
4	5	6	7	8
8	9	10	11	12
12	13	14	15	16

图 2.3

21

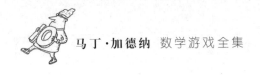

那么得出的数就会是

$$\frac{n^3+n}{2}。$$

幻方一条边上的方格数是奇数时,得出的这个数等于 n 与中心格里的数之积。

如果从大于1的整数(称它为 a)开始,继之以连续整数,得出的这个数就是

$$\frac{n^3+n}{2}+n\,(\,a-1\,)。$$

有趣的是,得出的这个数永远是用同样的数组成的传统幻方上每一行和列的数之和。

利用第二个公式,就能很容易地算出任意大小的可以得出任何数的矩阵中的起始数。要即兴表演的话,可以让别人给你一个大于30的数(这样规定是为了避免矩阵中出现麻烦的负数),然后快速画出一个4×4的可以得出该数的矩阵。(不用硬币的话,一个更快的办法是让观众圈出每个所选的数,接着在该数对应的行和列里画线。)

你唯一要做的运算(可以心算)是从他说出的数里减去30,然后除以4。例如,他说出的数是43。你减去30等于13,13除以4等于 $3\frac{1}{4}$。如果你把这个数放在4×4的矩阵的第一个方格里,然后继之以 $4\frac{1}{4}$,$5\frac{1}{4}$,…,就会做出一个能得出43的幻方。

要弄得更玄乎点的话,可以把数的顺序打乱。例如,你可以把第一个数 $3\frac{1}{4}$ 放在第三行中的一个方格里,如图2.4所示,接着把下面3个数($4\frac{1}{4}$,$5\frac{1}{4}$,$6\frac{1}{4}$)随机放在同一行中。

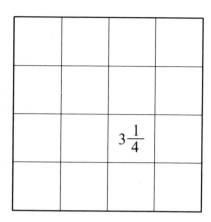

图2.4

现在你可以在另一行(随便哪一行)里写出下面4个数,但必须与你前面的方格里写的顺序一致。按照这个方法处理最后两行,最终结果就如图2.5中的幻方。

如果你不想要分数而仍然得出43,可以在所有数后去掉 $\frac{1}{4}$,并给4个最大的整数加上1,变成16,17,18,19。类似地,如果分数是 $\frac{2}{4}$,你可以给这些最大的整数加上2,如果分数是 $\frac{3}{4}$,就加上3。

$16\frac{1}{4}$	$18\frac{1}{4}$	$15\frac{1}{4}$	$17\frac{1}{4}$
$8\frac{1}{4}$	$10\frac{1}{4}$	$7\frac{1}{4}$	$9\frac{1}{4}$
$4\frac{1}{4}$	$6\frac{1}{4}$	$3\frac{1}{4}$	$5\frac{1}{4}$
$12\frac{1}{4}$	$14\frac{1}{4}$	$11\frac{1}{4}$	$13\frac{1}{4}$

图2.5

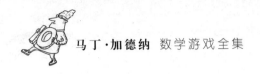

交换行或列的顺序,不影响幻方的魔术般的特性。通过这种方法打乱方格,可以使矩阵变得比原先更加神秘。

乘法表也可以用来得出一个数。这种情况下,选取的数要相乘,而不是相加。最后的积等于用来生成该表的数之积。

我尚未发现是谁最早把加法表和乘法表的这种令人愉悦的特性用在游戏里的。基于这个原理的一种在室内表演的编号卡片特技游戏由克赖切克(Maurice Kraitchik)发表在1942年出版的《数学娱乐》(*Mathematical Recreations*)一书第184页。这是我能找到的使用该原理的最早文献。自1942年以来,好几个偏爱数学的魔术师采用了这个原理的各种变体。例如,温尼伯市的斯托弗(Mel Stover)观察到,如果你在任何一张日历纸上画出16个数组成的方阵,这个方阵就成了一个加法表,得出的数是任何一条对角线顶端两个数之和的两倍。

扑克牌的使用也开辟了许多令人眼花缭乱的可能性。例如,有没有可能把一叠牌洗成这样,使切牌后排出的方阵总是能得出同一个数?这个原理还没有人探索过,也许会有很多意想不到的结果。

补　遗

安大略省考特赖特市的魔术师詹姆斯(Stewart James)设计了一个新奇幻方,可以给观众亮出任何想要的单词。比如说你想要单词JAMES,就可以用25张卡片排列出一个方阵,卡片下边写有如下字母(除了你自己,别人都不知道):

J A M E S

J A M E S

J A M E S

J A M E S

J A M E S

让一个人通过点卡片背面的方式选一张卡片。把这张卡片放在旁边,不要翻过来,并把同行和同列的其他卡片都拿走。这个过程再重复三次,然后将剩下的一张卡片与其他选出的四张放在一起。这时,把五张卡片翻过来,就能拼出JAMES。当然,这个过程不可能让五张选出的卡片有重复。

有一位读者来信说,他发现用这种幻方给有数学头脑的朋友画生日卡真是好极了。收到的人按指令操作,将自己选的数相加,会吃惊地发现这些数之和竟然是自己的年龄。

第 3 章
九 个 问 题

1. 回到原地的探险家

一个古老的谜是这样的。一位探险家向正南方走了一英里,转向正东方走了一英里,再转向正北方走了一英里。他发现自己回到了原出发地。他打了一只熊,这只熊是什么颜色的?历史悠久的答案是"白色",因为探险家肯定是从北极点出发的。但不久前有人发现,北极点不是满足该条件的唯一出发点!你能想出地球上还有什么地点可以让他向南走一英里,向东走一英里,再向北走一英里,并回到原来的出发点吗?

2. 抽 扑 克 牌

两个人用下面这种奇特的方法玩抽扑克牌游戏。他们把一副52张的牌面朝上放在桌子上,让他们可以看见所有的牌。第一个人抽出他选择的任意五张牌,组成一手。第二个人也这么做。第一个人可以保留原来那手牌或再抽最多五张牌。扔掉的牌放在旁边,不再用。第二个人也同样做。拿到大的一手牌的人算赢①牌的花色是等值的,两个同花算是平局,除非一个人有更高的牌点。过了一会儿,他们发现,先抽牌的人如果抽对第一手牌的话总是能赢。这是一手什么样的牌?

---

① 即 ShowHand(沙蟹)游戏中的牌型大小。——译者注

3. 残缺的棋盘

这个问题的道具是一个象棋①棋盘和32张多米诺骨牌②。每张多米诺骨牌的大小刚好能覆盖棋盘上相邻的两个方格,于是32张骨牌就可以覆盖整个棋盘上的64个方格。假设我们切掉棋盘对角处的两个方格(如图3.1),并去掉一张骨牌。这时能不能把31张骨牌放在棋盘上,将余下的62个方格都盖住呢?如果可以,说说看怎么做。如果不可以,证明为什么不行。

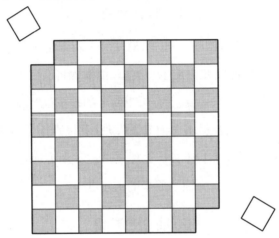

图3.1 残缺的棋盘

4. 岔 路 口

这是一个古老的逻辑趣题的新花样。在南海度假的一个逻辑学家发现自己所到达的一个岛上住着众所周知的两个部落:说假话者和说真话者。说真话者部落总是说真话,另一个部落则永远说假话。他来到一个岔路口,

---

① 本书中所说象棋均指国际象棋。——译者注

② 多米诺骨牌是一种骨制或木制的长方形牌。这种骨牌一般是两个相连正方形的大小,故又称为二联骨牌。多个相连正方形组成的牌叫多联骨牌,见第13章。——译者注

不得不问一个当地的旁观者,要到一个村庄去该走哪条路。他没有办法识别这个当地人是说真话者还是说假话者。逻辑学家想了一会儿,然后只问了一个问题。从回答中,他知道了该走哪条路。他问了什么问题?

5. 打乱的箱子标签

想象你有三只箱子,一只装有两块黑色大理石,一只装有两块白色大理石,第三只箱子则装有一块黑色和一块白色大理石。箱子上贴有标签:黑黑、白白、黑白。可是有人动了标签,现在每只箱子上的标签都错了。你每次只能从任意一只箱子里取出一块大理石,不能往里面看,并通过这个过程来确定出所有三只箱子里的大理石颜色。最少要取多少次才能办到?

6. 布朗克斯对布鲁克林

曼哈顿一青年住在地铁站附近。他有两个女朋友,一个在布鲁克林,一个在布朗克斯①。去看布鲁克林的女友,他要从站台的下行线一边上车;去看布朗克斯的女友,他要从同一站台的上行线一边上车。因为两个女友他都同样喜欢,所以哪列车先来,他就搭乘哪列。他以这种方式让运气决定他到底该去布朗克斯还是该去布鲁克林。每个星期六下午,年轻人到达地铁站台的时间都是随机的。去布鲁克林和去布朗克斯的列车发车的频率一样,每10分钟一趟。但不知什么原因,他发现自己大部分时间与布鲁克林的那个女友在一起:实际上,他平均10次中有9次是去布鲁克林的。你能解释为什么机会总是偏爱布鲁克林吗?

---

① 纽约有五个行政区,曼哈顿在中间,布鲁克林与布朗克斯一南一北。——译者注

31

7. 切割立方体

一个木匠想用圆锯把一块棱长为三英寸的立方体木块切割成27块棱长为一英寸的小立方块。他可以通过六次切割轻松完成这一任务,切割时所有小块仍旧处于拼成大立方块的位置(见图3.2)。如果他每切割一次后可以把木块重新摆放,能不能减少切割的必要次数?

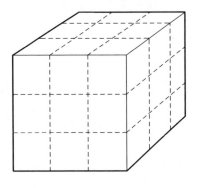

图3.2　切开的立方体

8. 早到的丈夫

一位乘坐市郊间火车上下班的人习惯于每晚五点整到达自己在城郊的车站。他妻子总是能正好接到这班火车,并开车接他回家。有一天他搭乘的是早一班的火车,四点就到了车站。天气很好,所以他没有给家里打电话,而是沿着他妻子接他回家的路往回走。他们在路上相遇。他上车后他们就往家里开,到家的时间比平时早了10分钟。假设他妻子开车的速度保持不变,而且这次也是按时离开家去接五点钟的火车。你能算出丈夫走了多长时间才遇到他妻子接他吗?

9.假 硬 币

　　近些年来,一批充满智慧的称量硬币或称量球的问题引起了很多人的兴趣。这里是个新的迷人小变种。你有十叠硬币,每叠都是十枚50分的(见图3.3)。有一整叠硬币是伪造的,但你不知道是哪叠。你知道50分的真硬币有多重,而且已经告知你每枚假硬币比真硬币重一克。你可以在指针式秤盘上称硬币,最少称多少次就可以确定哪叠是假硬币?

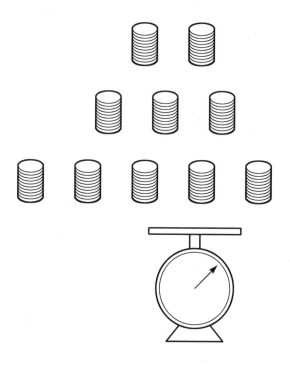

图3.3　假硬币

33

答 案

1. 地球上除了北极点外,还有别的地点可以让你向南走一英里,向东走一英里,向北走一英里,并回到原来的起点吗?还真有。不止一个,有无数个!以南极点为中心、稍大于$1+\frac{1}{2\pi}$英里(大约1.16英里)的距离为半径画圆(这个稍大一点的距离是为了考虑到地球的曲率),你可以把圆周上任意一点作为起点。向南走一英里后,接下来向东走的一英里会带你围着南极点绕一整圈,再向北走一英里就会让你回到起点。因此,你的起点可以是以南极点为中心、1.16英里为半径的圆周上无数个点中的任意一个点。但这还不是全部。你还可以从更接近南极点处的点上出发,以使向东走的一英里让你围着南极点绕两圈、三圈,或更多圈。

2. 有88种能赢的第一手牌。它们分为两类:(1)四张10加任何一张其他牌(48手);(2)三张10加与另一张10同花色的下列组合中的任何一个:A-9、K-9、Q-9、J-9、K-8、Q-8、J-8、Q-7、J-7、J-6(40手)。第二类是两位读者提醒我的:新泽西州普林斯顿的福斯特(Charles C. Foster)和纽约的派佩斯(Christine A. Peipers)。在解决这个问题的文献中,我还从未看到过这些组合的牌。

3. 用31张多米诺骨牌覆盖切掉对角处两个方格的残缺棋盘是不可能的。证明起来很容易。对角处的两个方格是同样颜色的。因此,去掉这两个方格就会使棋盘上多出两个同色方格。每张多米诺骨牌盖住的是两个不同色的方格,因为只有不同色的方格才相邻。当你用30张多米诺骨牌盖住60个方格后,剩下的两个方格是同色的。这两个方格不可能相邻,因此不可能用最后一张多米诺骨牌盖住。

4. 如果我们要求该问题必须用"是"或"不是"回答,就有很多种解决办法,都利用了同一个玄机。例如,逻辑学家用手指向其中一条路,并对当地人说:"如果我问你这条路是否通向那个村庄,你会回答'是'吗?"那个当地人即使属于说假话者部落也不得不给出正确答案!如果这条路真的通向那个村庄,说假话者会对那个直接的问题说"不是"。但面对以这种方式提出的问题,他必须说假话,并说自己会回答"是"。这样,逻辑学家就能肯定这条路是通向那个村庄的,不论回答的人是说真话者还是说假话者。另一方面,如果这条路真的不通向那个村庄,对询问者的问题,说假话者也不得不回答"不是"。

一个类似的问题是:"如果我问另一个部落的人这条路是否通向那个村庄,他会回答'是'吗?"要撇开这种问题套问题产生的含混,也许以下措辞(由密歇根州安阿伯的黑格斯特伦(Warren C. Haggstrom)提供)要好些:"有两个说法,'你是说谎者'和'这条路通往那个村庄',是不是有且只有一个说法是真实的?"同样,这里回答"是"表示是这条路,回答"不是"就表示不是这条路,不论这个当地人是说真话者还是说假话者。

剑桥大学的宇宙学家夏马(Dennis Sciama)和新罕布什尔州汉诺威的麦卡锡(John McCarthy)让我注意到了这个问题的另一个有趣的变体。麦卡锡先生(在《科学美国人》1957年4月号上发表的信中)写道,"假设逻辑学家知道'哼'和'哑'是当地语言里的

'是'和'不是',他尽管会讲当地语言但却忘记了哪个是哪个。此时他仍然能确定出哪条路通向那个村庄。他指向其中一条路问:'如果我问你我指的这条路是不是通向那个村庄,你会回答哼吗?'如果当地人回答'哼',逻辑学家就能断定他指的那条路是通向那个村庄的,即使他仍然不明白当地人是说真话者还是说假话者,以及'哼'的意思到底是'是'还是'不是'。如果当地人回答'呸',他就可以得出相反结论。"

安大略省金斯敦市女王大学的詹曾(H. Janzen)及其他几位读者告诉我,如果当地人不一定非要用"是"或"不是"回答,有一个问题可以显示正确的路,而不论岔路口上共有多少条路。逻辑学家只要指着所有的路,包括他刚走过来的那条,并问:"哪条路通向那个村庄呢?"说真话者会指出正确的路,说假话者可能会指所有别的路。逻辑学家也可以问:"哪条路不通向那个村庄?"这种情况下,说假话者也许会只指出那条正确的路。但两种情况都有一些不可信。第一种情况下,说假话者可能会只指出一条错路,而第二种情况下,他也可能指出好几条路。这些回答在某种程度上都是谎言,尽管其中一个不是假得最厉害,而另一个则多少带点真实的成分。

怎么准确界定"说假话"的问题甚至涉及前面用"是"和"不是"判断的解决办法。我不知道有什么更好的办法能把这个问题说清楚,只好全文抄录密歇根州安阿伯的两位读者克赖顿(Willison Crichton)和兰费尔(Donald E. Lamphiear)写给《科学美国人》的信:

逻辑学的兴起导致了撒谎艺术的衰退，听起来有些让人心里发酸。即使在说假话的人里，他们的推理活动似乎也进展得超过一般活动。我们要说的是2月号上的第四个趣题及其解答。如果我们接受他们提出的这种解答，我们必须相信说假话者会成为他们自己的原则愚弄的对象。事实上，只要说谎者盲目地遵循任何规则，这种情形就一定会出现。

对那个人类学家而言，他对当地人说："如果我问你这条路是否通向那个村庄，你会回答'是'吗？"而期望当地人把问题理解成在意义和形式上都违反事实的假设条件，这就预设了那个人是当地人中的绅士。如果人类学家很随意地询问的话，当地人几乎肯定会误以为这种奇特措辞是西方民主制度里所教授的客套方式，于是就会把这个问题简单地当作"这条路是否通向那个村庄？"来回答。另一方面，如果那个人类学家用炯炯有神的眼睛看着当地人来强调该问题的逻辑含义，他也就暴露了自己的意图，让当地人怀疑这是个陷阱。那个当地人，如果他真的不辜负说假话者的称呼，就会采用反欺骗的手法让那个人类学家得到错误的信息。基于后一个观点,这个给出的解答是不合适的,但即使以严格的从形式上撒谎的角度看,因为其模棱两可,这个解答也是有问题的。

对明确无误的答案的研究,会让我们更加详尽地分析说谎的实质。逻辑学家应用的传统定义是,说假话者是总是说出错误答案的人。当我们想要预测说假话者会如何回答复合真值函数问题时,这个定义的歧义就会出现,如"如果这条路通向城里,那你就是说假话者,这句话是否成立?"他会正确评判这两个组成成分以得出其函数值,并在回答的时候逆转自己的评判值?还是坚持那套不偏不倚的策略,既欺骗自己又欺骗别人,把每个组成成分颠倒过来评判,然后计算出该函数的值,并在回答时把计算出来的该函数的值再颠倒过来?这里我们把单纯的一直在说错误答案的说假话者与规矩的一直说出真相的逻辑二重性的说假话者进行了区分。

如果我们遇到的是个规矩的说假话者,那么"如果这条路通向城里,那你就是说假话者,这句话是否成立?"这个问题就是个解决办法。如果所指的路不是通向城里的,规矩的说假话者与说真话者都会回答"是";如果所指的路是通向城里的,那他们都会回答"不是"。但单纯的说假话者不论城市在哪里，都会回答"不是"。通过用等价的形式代替暗含的意思，我们就能得出一个对两种说假话者都管用的解决办法。问题改变成"只有当你在说谎时，这条路才是通向城里的，这句话是否成立？"如果路是对的，回答总是"不是"，如果路不对，回答总是"是"。

但是，没有一个说谎的原始部落人会按你期待的那样，表现出这些设想所需要的严格一致性，也不会有哪个智力达到这种要求的说假话者，能让你这么轻易就把他忽悠了。因此我们应该再考虑一种情况，就是遇到有点素质的说假话者，他的原则就是永远欺骗你。遇到这种对手的话，人类学家只有设法使出现对己有利的结果的概率达到最大。不可能提出一个战无不胜的逻辑问题，因为如果说假话者的原则就是欺骗，他会采取规避逻辑的欺骗对策来反制你。显然，那个人类学家的策略，其基本特征是在心理学上能站得住脚。这个策略能行得通，是因为它用来对付规矩的和单纯的说假话者的效果要远好于对付老谋深算的说假话者。

我们因此提议用下面的问题或其等价问题作为最具概括性的解决办法："你是否知道村子

里在供应免费啤酒?"说真话者回答"不知道",并马上转身往村子里走,人类学家就可以跟着走。单纯的和规矩的说假话者会回答"知道",并立即往村子里走。老谋深算的说假话者会精明地猜想该人类学家也在玩把戏,并采取自己的策略。面对两种相反的意图,他会寻求机会来同时满足两者,回答:"唷,我讨厌啤酒!"并往村子里走。这不会把聪明的人类学家搞糊涂。但如果这个说假话者识破了诡计,他会发现自己的回答不合适。他会为了撒谎艺术做出最大牺牲,并走上错误的路。说假话者在技术上胜利了,但即便如此,人类学家可以宣布自己在精神上胜利了,因为那个说假话者由于怀疑自己错过了免费啤酒而内心痛苦不堪。

5. 你只要取出一块大理石就能弄清楚所有三只箱子里装的是什么。解题的关键是你知道三只箱子上的标签都是错的这一信息。你必须从标记为"黑白"的箱子里取出一块大理石。假设取出来的大理石是黑色的。你就知道这只箱子里的另一块大理石也是黑色的,否则标签就是正确的。既然弄清了装有两块黑色大理石的箱子,你就可以立即判断出标记为"白白"的箱子里装的是什么:你知道不可能是两块白色大理石,因为标签是错的;不可能是两块黑色大理石,因为你已判断出了那只箱子。因而,这只箱子里肯定是一块黑色和一块白色大理石。第三只箱子肯定是装两块白色大理石的了。如果你从标记为"黑白"的箱子里取出的碰巧是白色大理石而不是黑色的,仍然可以用同样的推理来解决这个问题。

6. 这个趣题的答案只不过是一个简单的火车时刻表问题。虽然开往布鲁克林和布朗克斯的列车发车频率一样,都是每10分钟一趟,但在时间安排上,碰巧开往布朗克斯的列车总比开往布鲁克林的列车晚到一分钟。因此,只有年轻人碰巧在这一分钟间隙来到地铁站台,开往布朗克斯的列车才会先到。如果他在其他任何时间(即在另外九分钟间隙里)进站,那么开往布鲁克林的列车会先到。因为年轻人来到站台的时间是随机的,所以去布鲁克林的机会是九比一。

7. 没有办法把切割的次数减少到小于六。如果你注意到立方体有六个面这个事实,问题立刻就很清楚了。锯子是笔直往下切割的——一次锯一个面。要把位于中心的一英寸小立方块(开始时没有哪个面暴露在外的那块)切割出来,就必须锯六次。

这个问题源于纽约州奥尔巴尼市①的州教育厅数学教学督导霍桑(Frank Hawthorne),首次发表在《数学杂志》(*Mathematics Magazine*)1950年9—10月号上(问题Q-12)。

在这个问题上,2×2×2和3×3×3的立方体很特别,不论切割下的小块在每次切割前如何重新摆放(保证切割到每一块的某个地

---

① 奥尔巴尼市是纽约州首府。——译者注

方),前一种总要切割三次,后一种总要切割六次,才能全部切割成单位立方块。

对4×4×4的立方体,如果让所有小块都处于拼成大立方体的位置,需要切割九次,但如果在每次切割之前正确地堆叠,切割的次数可以减少到六。如果每次叠起来时能把每一块都几乎平分为二,那么就能得到最小的切割次数。通常,对 $n \times n \times n$ 的立方体来说,切割的最少次数是 $3k$,k 由下式确定:

$$2^k \geq n > 2^{k-1}。$$

这个推广问题是由兰德公司的小福特(L. R. Ford, Jr.)和富尔克逊(D. R. Fulkerson)提出的,发表在《美国数学月刊》(*American Mathematical Monthly*)1957 年 8—9 月号上(问题 E1279),并在 1958 年 3 月号上给出了答案。这是阿尔伯达大学的莫泽(Leo Moser)提供给《数学杂志》的一个进一步推广的问题(把 $a \times b \times c$ 的木块切割成单位立方块需要的最少次数)的一个特例,刊登在该刊第 25 卷 1952 年 3—4 月号第 219 页。

皮策(Eugene J. Putzer)和洛温(R. W. Lowen)在他们的研究备忘录"把矩形盒子切割成单位立方块的最优方法"(*On the Optimum Method of Cutting a Rectangular Box into Unit Cubes*)里对这个问题做了进一步概括,该备忘录 1958 年由圣选戈的康维尔科研实验室发布。两位作者研究了有整数个面的 n 维木块,要以最少的次数用平面切割成单位超立方体。在三维情况下,作者们认为这个问题可能"对奶酪和塔糖产业有重要的应用价值"。

8. 这个人走了 55 分钟他妻子才接上他。因为他们到家的时间

家。丈夫往家里走的最低时限(50分钟)只有在以下情况下才能发生:妻子提前整整10分钟出发,而且按惯例以无穷大的速度开车(这种情况下她丈夫在她离开家的同一时间到家);或者丈夫以无穷小的速度往家里走(这种情况下她在丈夫走了50分钟而一步都未迈出时在车站接上了他)。芝加哥大学自然科学助理教授韦泽(David W. Weiser)写道,"这两种设想都成立,只要你考虑这种情况就够了:妻子有车,而丈夫经过一家酒馆。"这是我收到的对该问题的最清楚的分析之一。

9. 那叠假硬币只需称一次就可识别出来。你从第一叠里取出一枚,从第二叠里取出两枚,从第三叠里取出三枚,依此类推,直到从第十叠里取出全部十枚硬币。然后把所有取出来的硬币放在指针式秤盘上。这些硬币的超重克数与那叠假硬币的序数相等。例如,如果这些硬币比正常情况重七克的话,那么假硬币肯定是第七叠,因为你从第七叠里取出了七枚硬币(每枚比真硬币重一克)。即使有第十一叠十枚硬币,刚才描述过的过程仍然起作用,因为不超重就说明剩下的那一叠是假硬币。

第 4 章

"连城"游戏

孩提时代谁没有玩过"连城"游戏，就是华兹华斯[1]在《序曲》(*Prelude*)第一部里写过的那种古老而普遍的智力角逐：

> 傍晚拿着铅笔面对着光滑的石板，
> 在寸方小格里左右逢源流连忘返。
> 上面胡乱地画着大叉也画着圆圈，
> 我们绞尽脑汁针锋相对步步为营，
> 儿时灯下的鏖战简陋得难以诗言。

乍一看，这像小孩游戏般的东西，其不朽魅力真不大好理解。尽管在这种游戏最简单的版本里，可能的走法就相当多——仅仅前五步就有 15 120（9×8×7×6×5）种不同的走法——但实际上其基本模式却只有几种，任何机敏的少年只要把这个游戏分析一个小时左右，就能做到不可战胜。但"连城"游戏也有更为复杂的变体，以及策略方面值得研究的东西。

用博弈论[2]的行话来说，"连城"游戏是二人对阵的"有限博弈"竞赛（有

---

① 华兹华斯(William Wordsworth, 1770—1850)，英国桂冠诗人，作品歌颂大自然，著有《采干果》《露斯》，组诗《露西》，自传体长诗《序曲》等。——译者注

② 博弈论，又称对策论、游戏理论，运筹学的一个分支，是一种研究互动决策的理论。——译者注

限定的结局），没有投机的成分，是在"完全信息"①的情况下进行的，每走一步双方都能看到。如果双方都"合理地"走，游戏的结局肯定是平局。唯一取胜的机会是让对手不小心落入"陷阱"，使你下一轮有两条线可以得分，而只有一条能被堵住。

在开局的三种可能（角、中心、边）中，最有利的开局是角，对手只有在八种可能的选择中取对唯一一种：中心，才不至于落入陷阱。相比之下，以中心开局的陷阱只能通过抢占一个角才能堵死。以边开局，从很多方面看最有意思，因为其两边都有多处陷阱，迎战的办法是抢占四个方格中的一个。三种开局办法和头脑清醒的后行方可能的应对见图4.1。

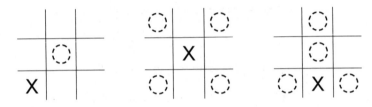

图4.1　先行方(X)可以选择三种开局，后行方(O)想要不输就必须选择一个标记出的方格

比这一款在数学上更令人兴奋的"连城"游戏变体早在公元前很多世纪就在玩了。总共用到六个筹码，可在图4.2所示的棋盘上进行，一方用三枚一分硬币，另一方用三枚一角硬币。最简单的形式在古代中国、希腊和罗马很流行，参与者轮流在棋盘上放置筹码，直到六个全部出手。如果双方都没有让三枚筹码处在同一（直或对角）线上而取胜，那就继之以轮流每次挪动一个筹码到任何一个相邻的方格里去。只允许直走。

---

① 出生于匈牙利的美籍犹太数学家、现代计算机的创始人之一冯·诺伊曼(John von Neumann, 1903—1957)是博弈论的奠基者之一。他认为所有游戏都分为两种："完全信息"游戏和"不完全信息"游戏。前者如象棋，对弈者公开对抗，不靠运气，只通过逻辑推理和技巧取胜。后者如扑克牌游戏，参与者不可能预先知道采取某个措施是好还是不好。——译者注

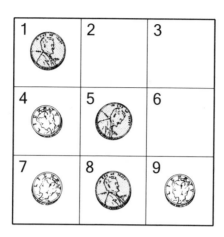

图 4.2　移动筹码"连城"游戏

　　奥维德[①] 在他的《爱的艺术》(*Art of Love*)第三部中提到了这种游戏,将它包括在一组他推荐给妇女的讨男人喜欢需要掌握的游戏之中。这个游戏在 1300 年的英国很常见,当时叫"三子棋"(three men's morris)[②],现在美国通常称它为"转磨"(mill)。由于先行方从中心开始走肯定会赢,所以通常禁止开局时走这一步。有了这个限制,游戏如果理智地进行,结果就是平局,但游戏给双方都设了很多陷阱。

　　这个游戏的一种变体允许沿方阵中的两条对角线往相邻方格里移动。还有一种更宽松的版本(由早期美国印第安人发明),允许你将任何筹码朝着任意方向随便移动一步,直走或对角走都可以(比如,可以由方格 2 走到方格 4)。对第一种版本来说,只要允许从中心开局,先行方仍然有确保取胜的方法,但第二种版本就差不多只能打平手了。法国有一种可以随便旋转的叫作 les pendus(吊死鬼)的类似玩意儿,允许任何筹码移到任意一个空

---

　　① 奥维德(Ovid, 公元前 43—公元 17),古罗马诗人,著有《爱的艺术》和《变形记》等。——译者注

　　② 这里的 morris,系 merels 的变体,merel 的复数,源于中古法语的 merele,marele,是"筹码"的意思。——译者注

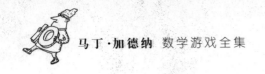

格内。如果玩得好，双方也只能打平手。

移动筹码"连城"游戏的很多种类已经用在了4×4的棋盘上，每一方都使用四个筹码，想办法让四个筹码连成一排。几年前，魔术师斯卡恩(John Scarne)推销过一种叫作teeko的5×5的版本。参与游戏的人每人轮流放置四个筹码，然后双方交替朝任意方向挪动一个筹码。把四个筹码沿着直或对角方向连成一排，或将它们移动到构成一个大方块的四个相邻方格中的人就算赢了。

不过，很多好玩的"连城"游戏变体并不用移动筹码。例如，纽约格雷特内克的读者绍戴尔(Mike Shodell)起名为"反连城"(toetacktick)的游戏，走法与一般的"连城"游戏一样，只不过先把三子连成一线的人算输。后行方胜算要大些。先行方只有从中心开始走，才可以确保打成平手。此后，只要与后行方对称地走，就能保证平局。

近年来好几种三维"连城"游戏上市了。这种游戏是在立体的棋盘上玩的，沿直或对角方向，以及沿着立方体的四条主对角线方向连成一排，都可以获胜。在3×3×3的立方体上，先行方很容易取胜。奇怪的是，这个游戏从来不出现平局，因为先行方要走14步，而让这14步都不得分是不可能的。4×4×4的立方体更有意思，游戏如果理智地进行，可能会出现平局，也可能不会。

还有人提出了在立方体上进行的其他玩法。纽约的巴纳特(Alan Barnert)提出，在直平面和六个主对角线平面的任意一个上，当筹码构成一个方形阵列时，应算获胜。帕克斯(Price Parks)和萨顿(Robert Satten)1941年在芝加哥大学读书时设计了一个有趣的3×3×3立方体游戏，一方能摆出两排交叉的筹码就算赢。获胜的那一步必须刚好走在交叉点上。因为先走立方体中心的那一步能保证取胜，因此除非这是决胜步或可以阻止对方下

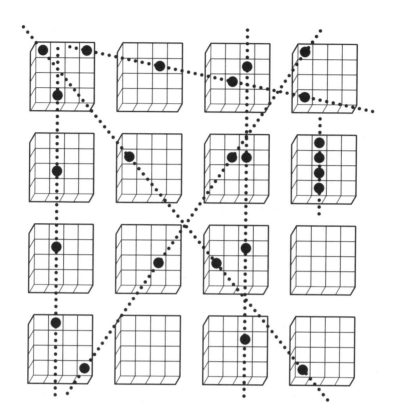

图4.3　四维"连城"游戏,虚线显示了一些取胜的走法

一步取胜,否则不准走。

　　四维的"连城"游戏可以在想象中的超立方体上玩,把它划分成二维的方阵。例如,4×4×4×4的超立方体可以用图4.3表示。在这个棋盘上,如果可以在任意一组可组成立方体的四个方阵上让四个标记在直或对角方向按顺序连成一条直线,那你就赢了。图4.4所示的就是在这种组合的立方体上的一种赢法。先行方被认为有必胜的方法。但如果游戏在5×5×5×5的超立方体上玩,可能会出现平局。在n维立方体上可能的取胜排数可以用下面的公式表示(n代表立方体的维度,k表示一条边上的方格数):

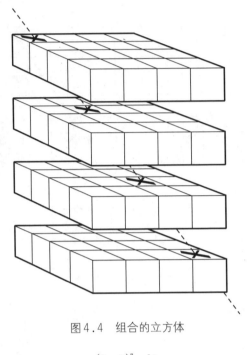

图4.4 组合的立方体

$$\frac{(k+2)^n - k^n}{2}。$$

要想知道这个公式是怎么得出来的,请看莫泽(Leo Moser)发表在《美国数学月刊》1948年2月号第99页上的评论。

古老的日本游戏"五子棋"仍在东方流行着,它是在围棋盘的交叉点上玩的(相当于19×19的网格线)。参与游戏的人轮流放筹码,没有数量限制,直到一方在一条线上连出五子为胜,直或对角方向都可以。不允许挪动筹码。有专家认为,先行方有确保取胜的方法,但据我所知,还没有发表过有关的证明。这个游戏1980年代在英国开始流行起来,名叫"go-bang"。有时候在跳棋棋盘上玩,双方各用12或15个跳棋棋子。如果所有棋子都放上了还未决出胜负,就允许朝任意方向移动筹码。

在过去的10年里,有一大批"连城"电子游戏机问世。有趣的是,第一台自动"连城"游戏机是由19世纪英国计算设备先驱巴比奇①发明的,尽管一直没有真正制作出来。巴比奇计划在伦敦展出他的机器,以筹措资金来做更大的事情。但当他得知在当时的伦敦展出古怪的机器(包括"谈话机"和一台能作拉丁语诗的机器)不可能带来任何经济上的收益后,他放弃了这个计划。

巴比奇的机器有一个新奇的特征,它能够在遇到两条同样好的路径时有办法随机进行选取。机器把获胜局的总数记了下来。如果要在A和B两步之间挑选,机器就会自动查阅总数,如果它是偶数,就走A,如果它是奇数,就走B。有三项选择时,机器把总数除以3,得出余数0,1或2,每个得数搭配一种走法。"很明显,任意多种情况都能如此确定",巴比奇在他的《哲学家的人生片断》(*Passages from the Life of a Philosopher*, 1864年版,第467—471页)里写道。"肯动脑筋的观众……仔细观察较长时间就可以发现它(机器)的工作原理。"

遗憾的是,巴比奇没有对他的机器的"简单的"机械原理留下任何记录,因此这台机器到底是什么设置,只能靠猜了。但他确实做了下面这段记录,说自己"想象这台机器采用的是两个小孩用小羊和公鸡玩对抗游戏的情景。取胜的小孩在公鸡鸣叫时拍手称快,之后,输了的小孩在小羊咩咩的叫声中绞扭着双手哇哇大哭。"1958年在里斯本举办的葡萄牙工业展览会上展出的一台想象力较差的"连城"游戏机器,赢了时会呵呵笑,输了时会咆哮(大概是因为打开了"表现差劲"的线路)。

你可能认为,给数字计算机编程让它玩"连城"游戏,或为"连城"游戏

---

① 巴比奇(Charles Babbage, 1791—1871),科学管理的先驱,计算机发展史上的伟大先驱。他1834年发明了分析机(现代电子计算机的前身)的原理,并设想了现代计算机的大多数其他特性。——译者注

机设计专用线路，都并非难事。确实是这样的，除非你想建造一个大师级的机器，让毫无经验的玩家输个一塌糊涂。困难在于猜测毫无经验的人会怎么跟你玩。他肯定不会完全随机地走，但他到底会有多精明？

要想了解其中的复杂性，假设这个新手从方格8开局。机器会认为不合理的应对：占取方格3是正确的！与一个内行对抗的话，这是一步致命错棋。不过，如果玩家只具有中等水平，他在做出应对时不大可能占取决定胜局的方格9。（见本书"进阶读物"中对怀特（Alain White）的论文的评述。）在剩余的六种应对里，有四种是灾难性的。事实上，他极有可能会占取方格4，因为这一步会导致机器陷入两个可能的陷阱。不巧的是，机器可以通过先占方格9后占方格5而跳过自己的陷阱。在实际对峙时，机器采用这种不计后果的策略多半会取胜，而走更为保险的路子反而很可能会以平局结束。

真正的大师级玩家，不论是机器还是人，不仅能根据以往对局结果的统计学研究而熟知新手最有可能做出的应对，而且还会分析每个对手走棋的风格来确定对手很可能犯的错误。如果新手玩着玩着水平有所提高，那么这个因素也要考虑进去。在这一点上，这种低级的"连城"游戏让我们一头扎进了远非概率论和心理学可比的琐碎问题。

补　遗

"连城"游戏的英文名称ticktacktoe有很多拼写和发音。据《牛津鹅妈妈童谣词典》（*Oxford Dictionary of Mother Goose Rhymes*，1951年版第406页），这个词来自一首古老的英语儿歌：

> Tit, tat, toe, my first go,
>
> Three jolly butcher boys all in a row.
>
> Stick one up, stick one down,

Stick one in the old man's crown.

（踢、踏、抖，我先玩，

三个小笨蛋一排站。

一个上，一个下，

一个放进老人的王冠。）

我观察到，很多玩"连城"游戏的人都有一个错误的观念，即由于他们能执行确保不输的策略，便认为这个游戏已没有什么再值得琢磨和研究了。然而，精通此道的玩家应该能够从某个失误中迅速采取最佳手段力挽狂澜。下边这三个例子都是从侧面开局的，可以说明这个道理。

如果你以X8开局他跟着O2，你对付新手的最好回应是X4，因为对手可以走O的六个选择中你有四个可以赢。他只有走O7或O9才能堵死你的陷阱。

如果他以X8开局，你在一个下面的角（如O9）回应。只要他走X2、X4或X7，你就可以摆出取胜的陷阱。

如果他以X8开局，你用O5对付的话，就很有意思了。如果他占X2，你可以允许他来指定你的下一步，因为他已经不可能阻止你设置取胜的陷阱了！

	X	O
	5	3
	4	6
（1）	9	1
	4进7	任意挪
	5进8	
	5	6
	1	9
（2）	3	2
	1进4	任意挪
	4进7	

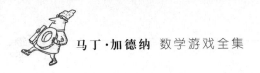

本章正文里提到,在古罗马很流行的一个挪动筹码游戏的变体,如果先行方占中心那个方格,就可以赢。对感兴趣的读者,被迫进垒①的两条可能路线如上页表:

不论是否允许沿着两条主对角线移动,这些路线肯定能赢。但如果允许沿着短对角线移动的话,第一个人就输了。

---

① 被迫进垒,也叫封杀,棒球比赛用语,此处为借用。——译者注

第 5 章
概率悖论

概率论是有异常多悖论的一个数学分支。悖论就是与常识格格不入，即使把证据摆在面前，人们还是很难相信的真相。生日悖论就是一个很好的例证。如果随机选取24人，你估计他们中间有两个或两个以上生日相同（即同月同日）的概率有多大？凭直觉你肯定以为这个概率很小。实际上，这个概率是 $\frac{27}{50}$，略大于50%！

伽莫夫[①]在《从一到无穷大》(*One Two Three—Infinity*)一书中给出了得到这种意想不到之结果的简单方法。任意两个人的生日不同的概率很清楚，是 $\frac{364}{365}$（因为一个人的生日与另一个人巧合的概率在365天里只有一次）。第三个人的生日与其他两个人不同的概率是 $\frac{363}{365}$；第四个人的生日与其他三个人不同的概率是 $\frac{362}{365}$，照这么推算，到第24个人就是 $\frac{342}{365}$。我们因此就得出一系列23个分数，把它们相乘就能算出所有24个人的生日都不同的概率。积是一个降至大约 $\frac{23}{50}$ 的分数。换句话说，如果你要赌24个人中至少出现一个生日巧合，长远来看你在50次打赌中会赢27次，输23次。这个计算忽略了2月29日，以及有些月份里生日多而有些月份里生日少的

---

① 伽莫夫(George Gamow, 1904—1968)，俄裔美籍物理学家、宇宙学家、科普作家。——译者注

事实。实际上,在23个人中出现生日巧合的概率是0.507+,稍大于$\frac{1}{2}$。

这样的概率如此令人吃惊,以至于在课堂上和社交聚会中都可以拿它们来逗乐,做个实际测试。如果有23个人或更多人在场,就让每个人把自己的生日写在一张纸条上。收上这些纸条后对比一下。多半情况下至少有两个人的生日是一样的,这常会让甚至认识了很久的双方都感到惊讶不已。幸运的是,即使有人故意欺骗你而写了错误的生日,也没有任何关系。出现巧合的概率是完全一样的。

检验这个悖论还有个更简单的办法,就是从名人录或其他什么传记词典中随机选取23个名字,检查他们的生日。当然,你取的名字超过23越多,出现生日巧合的概率就越大。图5.1(取自兰塞姆(William R. Ransom)的《数学百怪》(*One Hundred Mathematical Curiosities*),1955年版),用曲线图说明了概率曲线随着人数增长而增长的方式。曲线图画到60个人为止,因为超过这个数后的巧合概率太大,画出的曲线与直线没有什么两样。注意,曲线

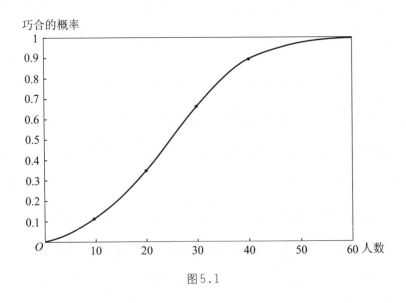

图5.1

扶摇直上,一直到大约40人时开始变得平稳,并朝着百分百的肯定迈进。赌100个人中会出现生日巧合,你赢的概率是3 300 000比1。当然,在人数没有达到366前,不会出现百分百的肯定。

对这个悖论的一个简洁证明是美国总统的生卒日期。在每个案例里(33个生日,30个卒日),巧合的概率接近75%。没错,波尔克[1]和哈定[2]都生于11月2日,而三位总统:杰斐逊[3]、亚当斯[4]和门罗[5]都卒于7月4日。

也许更令人吃惊的是第二张A悖论。假设你在玩桥牌,刚把牌发完,你拿起牌看了一眼,宣布"我有一张A。"你再抓一张A的概率可以准确地算出来。可以证明它是$\frac{5\,359}{14\,498}$,小于$\frac{1}{2}$。但是,假设你们一致同意取一张特定的A,比如说黑桃A。游戏再次进行,直到你宣布"我有一张黑桃A。"此时你再抓一张A的概率成了$\frac{11\,686}{20\,825}$,稍大于$\frac{1}{2}$!为什么指定某个花色的A会影响概率呢?

这两种情况下的实际概率计算是冗长而又乏味的,但是通过把一副牌减少到只有四张——黑桃A、红心A、梅花2、方块J,就会容易地明白这个悖论的道理。如果把这些牌洗好后在两个人之间发,玩者能拿到的只有六种可能的组合(见图5.2)。有5次这个人手中的两张牌可以让他说"我有一张

① 波尔克(James Knox Polk, 1795.11.2—1849.6.15),1845—1849年任美国第11任总统。——译者注

② 哈定(Warren Gamaliel Harding, 1865.11.2—1923.8.2),1921—1923年任美国第29任总统。——译者注

③ 杰斐逊(Thomas Jefferson, 1743.4.13—1826.7.4),1801—1809年任美国第3任总统。——译者注

④ 亚当斯(John Adams, 1735.10.30—1826.7.4),1797—1801年任美国第2任总统。——译者注

⑤ 门罗(James Monroe, 1758.4.28—1831.7.4),1817—1825年任美国第5任总统。——译者注

A",但只有一次他能拿到第二张A。因此拿到第二张A的概率是$\frac{1}{5}$。另一方面,只有三种组合能让玩家说自己拿到了黑桃A。其中一种包括另一个花色的A,这使他拿到第二张A的概率成为$\frac{1}{3}$。

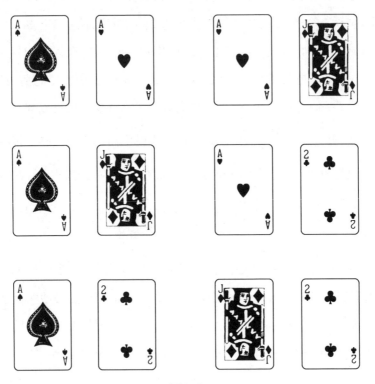

图5.2

与此类似的是第二个孩子悖论。史密斯先生说,"我有两个孩子,其中至少有一个是男孩。"另一个孩子也是男孩的概率有多大?你可能会说是$\frac{1}{2}$,可当你把三种概率相同的可能组合列出来——男男、男女、女男,才知道只有一种情况下才是男男,因此概率是$\frac{1}{3}$。如果史密斯说他**最大的**(最高的或最胖的)孩子是男孩,那么情况就完全不一样了。这时,组合就限制在男男和男女两种情况了，另一个孩子是男孩的概率跃升到 $\frac{1}{2}$。如果情况不是这样，我们就有了一个很巧妙的能以大于机会相等的概率猜出硬币正反面的办法。我们只要抛一枚自己的硬币就可以了。如果是正面朝上，我们可以推理："这里有两枚硬币，其中（我的）一枚是正面朝上。于是另一枚硬币正面朝上的概率是 $\frac{1}{3}$，所以我应该赌它背面朝上。"当然谬误在于我们指定了**哪个**硬币是正面朝上。这个道理与定义了最大的孩子是男孩时的概率是一样的，它以同样的方式改变了概率。

概率悖论中最有名的是圣彼得堡悖论，最早由著名数学家丹尼尔·伯努利[①]向圣彼得堡科学院递交的一篇论文中提出。假设我抛一枚一分硬币，如果正面朝上我给你1块钱。如果背面朝上，我再抛，这次如果正面朝上我给你2块钱。如果仍是背面朝上，我第三次抛，如果正面朝上就给你4块钱。简单地说，每抛一次我的罚金就加倍，一直抛到我必须掏腰包为止。那么你跟我玩这个单边游戏，到底该为你的特权付多少钱才合理呢？

答案令人难以置信，你可以给我随便多少钱，比如玩一局给我100万元，而仍然期望出现盈余。在任何一局中你能赢1块钱的概率是 $\frac{1}{2}$，赢2块钱的概率是 $\frac{1}{4}$，赢4块钱的概率是 $\frac{1}{8}$，依此类推。因此，你赢钱的总期望值是 $(1 \times \frac{1}{2}) + (2 \times \frac{1}{4}) + (4 \times \frac{1}{8}) + \cdots$。这个无穷级数之和是无穷大。结果是，不论你每局前付给我的有限赌金数是多少，只要我们玩到足够局数，最后你都会赢的。这里假设我有无限量的资本，而且我们可以玩无限多局。如果

---

① 丹尼尔·伯努利(Daniel Bernoulli, 1700—1782)，瑞士数学家，出身于瑞士数学望族，是该家族里最杰出的科学家，研究领域包括医学、生物学、生理学、力学、物理学、天文学和海洋学。——译者注

你每局付给我1000元,那么你输的概率比较大。但是,事实上你有机会因出现长时间连续的硬币背面朝上而一下子赢个天文数字来超额弥补差额,虽然这个概率很小。如果我的资本有限(现实中往往如此),那么游戏的合理价格也是有限的。圣彼得堡悖论实际上出现在所有的赌博"加倍"机制里,对它的全面分析会将你引入各种各样复杂的冷僻领域。

现任普林斯顿大学哲学教授的"逻辑实证主义"领军人物亨普尔[①]发现了另一个令人吃惊的概率悖论。自从他1937年在瑞典刊物《理论》(*Theoria*)上首次对其进行说明以来,"亨普尔悖论"已经成为科学哲学家们学术讨论的一个课题,因为它触及科学方法的核心。

亨普尔说道,让我们设想一个科学家希望研究"所有乌鸦都是黑的"这一假设。他的研究包括观察尽可能多的乌鸦。他发现的黑乌鸦越多,该假设就越有可能成立。因而每只黑乌鸦就可以被看做是该假设的"支持例证"。大多数科学家认为,他们非常清楚什么是"支持例证"的概念。亨普尔悖论很快就打碎了这个错觉,因为我们可以用铁一般的逻辑轻易地证明,紫色的牛也是黑乌鸦假设的支持例证!下面就是其原理。

"所有乌鸦都是黑的"这一陈述可以通过逻辑学家称为"直接推理"的过程来转换成一个逻辑上等价的陈述——"所有非黑的物体都不是乌鸦"。第二个陈述与第一个在意思上相同,仅仅是用了不同的文字表述而已。很明显,对支持第二个陈述的任何物体的发现也必定支持第一个陈述。

设想科学家随后开始寻找非黑物体来证明"所有非黑的物体都不是乌鸦"这个假设。他偶然遇到了一个紫色物体,仔细一看,原来不是一只乌鸦而是一头牛。紫色的牛很明显是"所有非黑的物体都不是乌鸦"这一假设的支持例证。因此,这就增加了"所有乌鸦都是黑的"这一逻辑等价假设成立

---

① 亨普尔(Carl G. Hempel, 1905—1997),出生于德国的科学哲学家。——译者注

的可能性。当然,同样的论据可应用于白象、红鲱鱼或科学家的绿领带。恰如一位哲学家最近说过的,在雨天,研究乌鸦颜色的鸟类学家可以照样搞他的研究而不弄湿自己的双脚。他只需要瞄一眼房间周围,注意到那些不是乌鸦的非黑物体的例子就够了!

如同前面的悖论例子一样,困难似乎不在于推理有错,而在于亨普尔所说的"被误导的直觉"。当我们考虑一个更简单的例子时,会觉得它更有道理。一家公司雇用了一大批打字员,我们知道有些打字员是红头发。我们希望验证一个假设,即所有那些红头发的女孩子都结了婚。明显的做法是走向每个红头发的打字员并问她有没有丈夫。但还有另一个办法,可能比这个更有效。我们让人事部门开一个所有未婚打字员的名单。我们按照这个名单核对她们的发色。如果没有人是红头发,那么我们就完全确认了这个假设。每个非红发的未婚打字员都是"这家公司红头发的打字员都已结婚"这一理论的一个支持例证,对这个事实不会有人提出异议。

接受这一研究过程并不困难,因为我们处理的对象集成员数都很小。但如果我们要确定是否所有乌鸦都是黑的,在地球上的乌鸦数与非黑物体数之间就存在巨大的不对称。大家都同意,检查非黑物体对于科学研究来说实在不是个有效的办法。争论的焦点是那个微妙的问题——一头紫色的牛在某种程度上作为支持例证,到底有没有意义。至少在处理有限集(无限集会让我们更加糊涂)时,这会不会使我们原来那个假设的概率有哪怕很不起眼的增大呢?有些逻辑学家认为会的,另一些则不太肯定。比如,他们指出,通过完全同样的推理,紫色的牛也能被证明是"所有乌鸦都是白的"这一陈述的支持例证。发现一个物体,怎么能让两个相反的假设都增大成立的可能性呢?

你也许会对亨普尔的悖论一笑置之。但应该记住,很多长期被认为是

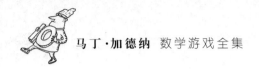

不重要的新奇事物的逻辑悖论,在现代逻辑学的发展中被证明有相当重要的意义。同样,分析亨普尔悖论已经给我们提供了十分宝贵的对归纳逻辑隐匿本质的洞察力,而归纳逻辑正是我们获得各种科学知识的工具。

第 6 章

廿点游戏与河内塔

对一个数学家来说，没有什么经历比发现貌似毫无关系、实际上密切相关的两个数学结构更令他兴奋了。近来，不列颠哥伦比亚大学的克罗(D. W. Crowe)在19世纪两个流行的趣题之间获得了这样的发现，一个是"廿点游戏"(Icosian Game)，另一个是"河内塔"(Tower of Hanoi)。我们先一个一个描述，然后看看它们之间的惊人关系。

廿点游戏是1850年代杰出的爱尔兰数学家威廉·哈密顿爵士[①]发明的。该游戏意在解释他自己设计的一个奇怪的微积分，那个微积分在很多方面很像他提出的著名的四元数理论(现代矢量分析的先驱)。该微积分可以应用于在五个柏拉图多面体(尤其是二十面体和十二面体)表面上进行线路追踪的许多不寻常问题上。哈密顿称之为廿点微积分，尽管这个游戏实际上是在十二面体的棱上玩的。1859年，哈密顿以25英镑的价格把游戏出售给伦敦的一个经销商；之后它以好几种形式在英国和(欧洲)大陆售卖。哈密顿的传记作者告诉我们，不论是算作发现还是算作发表，哈密顿直接得到的唯一报酬就是这些。

哈密顿提出了好多种可以在十二面体上玩的趣题和游戏，最基本的一

---

① 威廉·哈密顿爵士(Sir William Rowan Hamilton, 1805—1865)。爱尔兰数学家、物理学家，曾研究四元数代数及其应用。——译者注

个趣题如下。从多面体的任意一个角(哈密顿把每个角用城市名做了标记)开始,沿着它的棱"周游世界"一整圈,在每个顶点走过一次,且只能走过一次,并回到出发点。换句话说,沿着各条棱走出的路线,应该通过每个顶点一次,并构成一个回路。

如果我们想象一个十二面体的表面是橡胶做的,我们就可以在其中一个表面上扎个孔并把它拉伸开来,直到把它展开成平面。该表面的边缘就构成了图6.1所示的网络。该网络与十二面体的棱组成的网络在拓扑学角度上是等价的,而且比实际的多面体操作起来更方便。读者可以通过用筹码标记走过的顶点,在这个网络上玩一玩"周游世界"游戏。

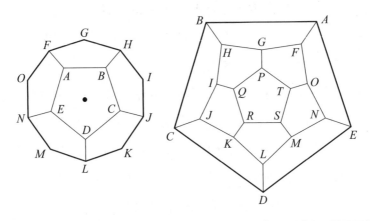

图6.1 十二面体(左)被(在黑点处)扎孔并拉伸展开成平面(右)。平面网络虽然与多面体的比例不符,但与多面体的棱在拓扑学角度上是等价的。

在未标记顶点的十二面体上,只有两种形状不同的哈密顿回路,且互为镜像。但如果我们在顶点处做上标记,把经过20个顶点的每一种不同顺序当作一条"不同的"路线,那么就有30种不同的回路,不计同一条路线上的逆行。类似的哈密顿路线可以在其他四个柏拉图多面体和很多(但并非所有的)半正多面体上找到。

大家熟悉的河内塔是法国数学家卢卡①发明并于1883年当作玩具出售的。它最早的名字叫"'Prof. Claus' of the College of 'Li-Sou-Stian'"（"利索斯蒂安"学院的"克劳斯教授"），不久之后人们发现这原来是"圣路易斯"（Saint Louis）学院的"卢卡教授"（Prof. Lucas）变换字母顺序构造的词②。图6.2画的是这个玩具的通常形状。问题是要把8个圆盘堆成的塔通过尽可能少的移动次数转移到两根空柱子的任意一根上去，每次只能移动一个圆盘，且不能把大圆盘放在比它小的圆盘上。

不论塔中有多少个圆盘，要证明问题有解并不难，所需的最少移动次数可用2^n-1表示（n是圆盘的个数）。因而，3个圆盘可以通过7次移动来完

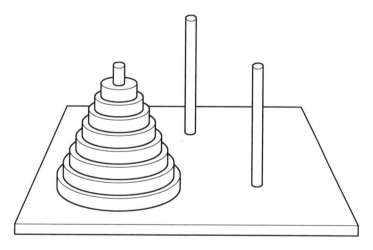

图6.2

① 卢卡（Edouard Lucas, 1842—1891），法国数学家，以研究数论及数学的游戏而知名。——译者注

② 该玩具当时用的是一个假名：*N. Claus de Siam soi-disant professeur au collège de Li-Sou-Stian*，由卢卡（Français Édouard Lucas d'Amiens）教授的名字和他所工作的圣路易斯学院（Lycée Saint Louis，1884年建于法国巴黎）的名称变换字母顺序构造而成，其中的Siam（暹罗）是泰国的旧称。后来以越南首都"河内"取名Tours de Hanoi（河内塔），都是为了表示法国当时在这些地方有影响。——译者注

成,4个圆盘可以通过15次移动来完成,5个圆盘可以通过31次移动来完成,如此等等。图6.2中所示的8个圆盘,需要经过255次移动。对这个玩具的最早描述把它称做印度贝拿勒斯市[①]一庙宇内的神秘"梵天塔"(Tower of Brahma)的简化版。该描述是这样写的:这座塔由64个金圆盘组成,庙里的僧侣正在搬移它们。据说,在他们完成任务前这座庙就会崩塌为一堆灰土,而世界也会在一声霹雳中不见踪迹。世界消亡的说法当然会引起质疑,但庙宇崩塌则不会有人怀疑。由公式 $2^{64}-1$ 可得出一个20位的数字:18 446 744 073 709 551 615。假设僧侣们夜以继日地忙碌,每秒钟移动一个圆盘,他们需要几十亿年才能完成这项工作。

(顺便说一下,前面提到的这个数不是个素数。但如果我们把圆盘的数量增加到89,107或127,在这几种情况下搬移这些圆盘的次数**确实**是素数。它们是所谓的梅森(Mersenne)数:形式为 2^n-1 的素数。卢卡本人就是第一个验证 $2^{127}-1$ 为素数的人。这个39位的庞大的数在1952年使用大型电子计算机找到5个更大的梅森素数之前一直是人们所知的最大素数。我们现在知道有30个梅森素数。第三十个也是最大的一个: $2^{216091}-1$ 是1985年发现的,它是一个65 050位数。)

河内塔趣题可以通过裁剪8块尺寸渐进的硬纸板(或用A到8的扑克牌)容易地制作出来,并在一张标记了三个点的纸上移动。如果三个点组成一个三角形,下面这个简单的程序可以用来解决任意数量的"圆盘"问题。每隔一次移动最小的圆盘,总是将它沿同一方向绕三角形转圈。在其余的步骤里,只移动不涉及最小圆盘的唯一可能移动的圆盘。(以下事实很有趣:如果把圆盘依次标记上数字,偶数号的圆盘绕三角形朝一个方向走,奇数号的圆盘则朝相反方向走。)

[①] 贝拿勒斯(Benares),印度东北部城市,现名瓦腊纳西(Varanasi)。——译者注

这个趣题与哈密顿的游戏有什么关系呢?要解释其中的联系,我们就要先考虑只有3个圆盘的塔,把这些圆盘由顶到底标记为A,B,C。如果采用上述程序,我们按$ABACABA$的顺序来移动,就可以解决这个问题。

现在我们用A,B,C来标记一个正六面体(通常叫做立方体,见图6.3左)的三个坐标方位。如果我们按$ABACABA$的顺序选择相应坐标方位,沿着立方体的棱找出一条路径,那么这条路径就组成了哈密顿路线!克罗认为可以做这样的概括:在河内塔趣题中移动n个圆盘的顺序与在n维立方体上找到的哈密顿路线坐标方位顺序完全一致。

再做一个解释会让这个问题更清楚。尽管我们做不出四维立方体(超立方体)的模型,但我们可以把它的棱构成的网络投射到图6.3右边所示的三维模型中去。这个网络与超立方体的棱构成的网络在拓扑学角度上是等价的。我们把它的坐标方位标记为A,B,C,D,坐标方位D用对角线代表。

移动4个圆盘的河内塔的顺序是$ABACABADABACABA$。当我们按照这个顺序经过该超立方体模型时,会发现自己描绘了一条哈密顿路线。同样

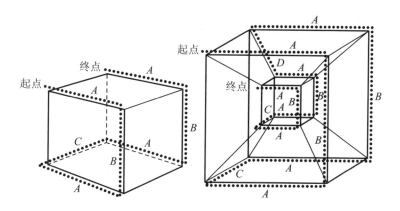

图6.3 左图是沿着立方体的棱描绘的哈密顿路线。该立方体有A,B,C三种坐标方位;路线的顺序是$ABACABA$。右图是沿着投射到三维的四维立方体的棱描绘的哈密顿路线。该立方体有A,B,C,D四种坐标方位;路线的顺序是$ABACABADABACABA$。这与移动4个圆盘的河内塔的顺序一致。

道理,移动5个圆盘的顺序对应于在五维超立方体上描绘哈密顿路线,6个圆盘则对应六维超立方体,如此等等。

 补　遗

证明用2^n-1步可以把河内塔的n个圆盘移动到另一根柱子上并不困难,而且是课堂上学习数学归纳法的一个好练习。(参见《数学教师》(*Mathematics Teacher*)第44卷(1951年)第505页;第45卷(1952年)第522页。)这个趣题可以轻易地推广到任意多根柱子。(参见杜德尼(Ernest Dudeney)的1907年版《坎特伯雷趣题》(*The Canterbury Puzzles*)第一个问题,及《美国数学月刊》1941年3月号第3918个问题。)

如果我们认识到河内塔的解答与立方体、超立方体上的哈密顿路线这两种情况下的移动顺序是任何懂二进制计算机的人都熟悉的一个模式,那就不会对这两者的同构感到吃惊了。我们先写出1—8的二进制数,把各列如图6.4

	D	C	B	A	
1	0	0	0	1	A
2	0	0	1	0	B
3	0	0	1	1	A
4	0	1	0	0	C
5	0	1	0	1	A
6	0	1	1	0	B
7	0	1	1	1	A
8	1	0	0	0	D

图6.4　二进制数表

所示标记为 A,B,C,D。然后我们在每行的另一边写下该行最右面的"1"对应的字母。这些字母由上到下的顺序就是问题中提到的模式。

这个模式在数学趣题中经常遇到。用扑克牌猜出你想到的数和一种叫做九连环的古代器具型趣题是另两个例子。大家最熟悉的该模式的例子要算普通直尺上1英寸那段中不同大小的标记顺序了(见图6.5)。当然,这个模式是把1英寸连续二等分成 $\frac{1}{2}$, $\frac{1}{4}$, $\frac{1}{8}$ 和 $\frac{1}{16}$ 的做法得出的。

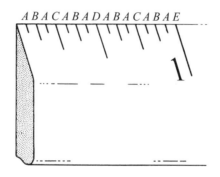

图6.5　1英寸的连续二等分

第 **1** 章
古怪的拓扑模型

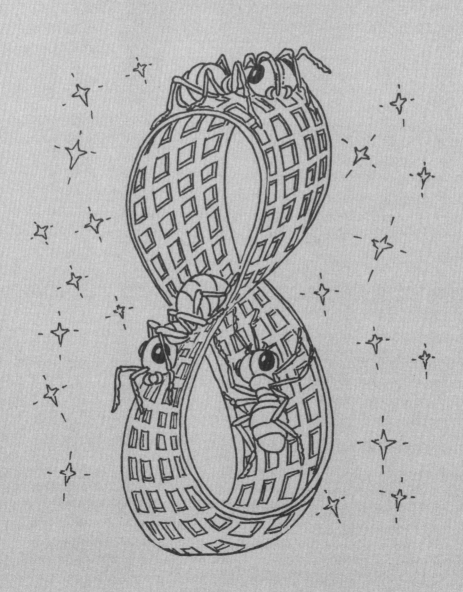

正如本书的许多读者所知,默比乌斯带是个仅有一个面和一条边的古怪的几何对象。这种图形是叫做拓扑学的数学分支所关心的。对数学漫不经心的人会有这样的想法:拓扑学家是把时间花费在制作默比乌斯带及其他好玩的拓扑模型上的花花公子而已。可是,如果他们打开任何一本近来出版的拓扑学教材,就会感到很意外。他们会看到一整页接一整页的符号,很少有插图和图表让他们松口气。不错,拓扑学的产生是出于对几何趣题的思考,但现今它简直成了一片充满了抽象理论的丛林。拓扑学家们不大信任必须用视觉手段表达才能为人们所理解的定理。

虽然如此,但严肃的拓扑学研究却在不断地产生出怪异而又好玩的模型。例如,想想双层默比乌斯带吧。这是把两条纸带叠放在一起,将它们当作一条纸带同时拧半圈后把两端接起来做成的,如图7.1所示。

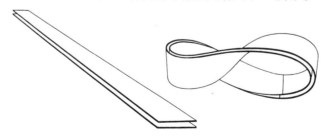

图7.1 双层默比乌斯带是把两条纸带叠放在一起(左),将它们同时拧半圈后把两端接起来(右)做成的。

现在我们就有了看起来像两条嵌套着的默比乌斯带的东西。事实上，你可以通过把手指放在两层纸带之间移动一圈，一直移到原起点的位置，来"证明"它们是两条分离的纸带。在这两条纸带之间爬行的虫子，会爬个没有尽头，且总是在一条纸带上爬行，而让它的背靠着另一条纸带滑行。它永远找不到"地板"与"天花板"的相交之处。聪明的虫子会因此断定，自己行走在两条分离的纸带表面之间。

但是，假设虫子在地板上做了个记号，并沿着纸带走了一圈又回到了自己的记号处。它会发现自己的记号不是在地板上而在天花板上，需要再次绕着纸带旅行一次才能再次在地板上看到那个记号！虫子需要极大的想象力才能弄明白地板和天花板原来是同一条纸带的同一个面。看上去像两条嵌套着的纸带，实际上是一条大纸带！一旦你把这个模型打开成为一条大纸带，就会发现要恢复到原来的形状是一件很伤脑筋的事。

当纸带呈重叠状时，其两条分离的边是相互平行的，绕了模型两圈。想象这些边被接在一起，而且带子是由薄橡胶做成的，那么你就有一个圆筒，可以充气变成一个环面（拓扑学家用这个术语来指代炸面饼圈的表面）。接在一起的边会构成一个封闭的绕环面两圈的曲线。这就意味着可以沿着这样的曲线切割环面，来构成这种双层默比乌斯带。

双层带实际上与单层的拧过四个半圈后才把两端接起来的带子是一样的。把环面切割成任何拧过偶数个半圈的带子都是可能的，但要切割成任何拧过奇数个半圈的带子却是不可能的。这是因为，环面有双表面，只有拧过偶数个半圈的带子才是双面的。尽管双表面的带子可以通过剪裁单面的带子制作出来，但反之则不行。如果我们想通过剪裁一个没有边的表面来做出单面的纸带（拧过奇数个半圈的带子），就必须借助于克莱因瓶。克莱因瓶是一个封闭的没有边的单表面，可以平分为两个互为镜像的默比乌斯带。

　　将纸带拧半圈后把两端接起来,就可以做出简单的默比乌斯带。这个带子能拉伸到使其边成为三角形吗?答案是肯定的。第一个设计出这样一个模型的人是变脸折纸游戏艺术的四个开拓者之一的塔克曼(见第1章)。图7.2展示的是如何裁、折、粘一条纸带来制作塔克曼的模型。

　　表面可以不止一个或两个面,从拓扑学角度也可以在数量和结构上区分它们的边。扭曲这些表面并不能改变这种性状,因此它们被称作拓扑不变量。我们来考虑不多于两条边的表面,而且这两条边或者是简单闭曲线,或者是寻常的三叶纽结形式。如果表面有两条边,它们可以互相独立,也可以连在一起。在这些限制下,我们可列出以下16种表面(不包括无边表面,

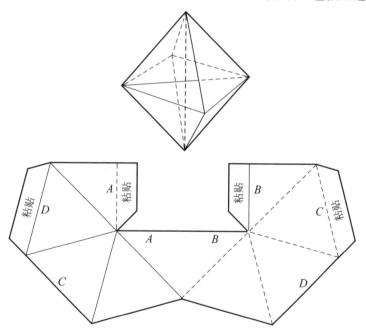

图7.2　由塔克曼设计的有三角形边的默比乌斯带。只要重画下图(最好比例大些),上图中的多面体模型就可以按以下步骤拼合起来。第一步,剪下图形。第二步,沿实线向"下"折。第三步,沿虚线向反方向折。第四步,在4个标签处涂上黏合剂,把A与A粘在一起,B与B粘在一起,C与C粘在一起,D与D粘在一起。最后成形的多面体上,粗线就是默比乌斯带表面的三角形边。

81

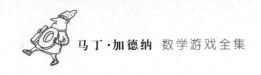

如球体、环面和克莱因瓶）：

单面、单边

1. 边是简单闭曲线。

2. 边是打结的。

双面、单边

3. 边是简单闭曲线。

4. 边是打结的。

单面、双边

5. 两条边都是简单闭曲线，不相连。

6. 两条边都是简单闭曲线，相连。

7. 两条边都是打结的，不相连。

8. 两条边都是打结的，相连。

9. 一条边是简单闭曲线，一条边是打结的，不相连。

10. 一条边是简单闭曲线，一条边是打结的，相连。

双面、双边

11. 两条边都是简单闭曲线，不相连。

12. 两条边都是简单闭曲线，相连。

13. 两条边都是打结的，不相连。

14. 两条边都是打结的，相连。

15. 一条边是简单闭曲线，一条边是打结的，不相连。

16. 一条边是简单闭曲线，一条边是打结的，相连。

可以很容易地做出纸模型来说明这16种表面的每一种是什么样。表面

1到12的模型见图7.3。其余4种模型见图7.4。

　　其中有些模型用一定的方法剪开的话,结果令人吃惊。任何玩过默比乌斯带的人都知道,从中间沿纵向剪开它并不能像有些人想象的那样剪出两条分离的带子来,而只能剪出一条大带子。(这条大带子拧过四个半圈,因此可以构成前面描述过的双层默比乌斯带。)另一个事实就不为很多人

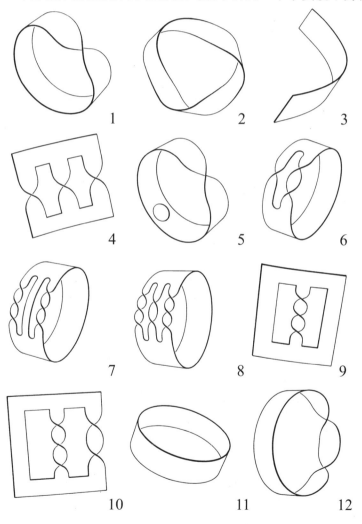

图7.3　表面1到12的纸模型

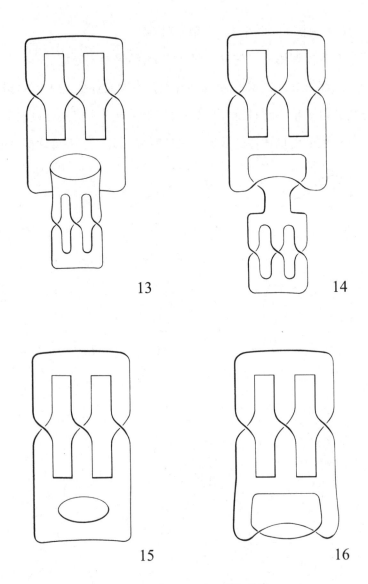

13　　　　　　　　　14

15　　　　　　　　　16

图7.4　表面13到16的纸模型

所知了,如果你从一条边与另一条边之间的 $\frac{1}{3}$ 处开始剪,直到剪回原起点处,这条默比乌斯带就会打开成为一条大带连着一条小带的样子。

把表面12从中间剪开,就会产生两条大小相同且与原带形状一样的交扣在一起的带子。把表面2剪开,就会产生一条含有一个结的大带子。后一种绝技是1980年代维也纳一本畅销册子的主题。该册子揭示了不用魔术戏法就能在布条上打出结来的秘密。

我们说两条边"相连",指的是两者连成一条链。要把连接分开,需要打开一个连接,把另一个从开口处塞过去。但也可以把两条闭曲线交扣成分开时不用把一个从另一个开口处塞过去的方式。最简单的方法见图7.5上图的曲线。把一条带子从A点处穿过自身,就可以分开这些曲线。

图7.5下图所示的3条闭曲线也是虽不相连却无法分开的。如果你去掉任何1条曲线,其他2条曲线就分开了;如果你把任意一对曲线连起来,就分开了第三条曲线。顺便说一句,这个结构在拓扑学上与大家熟悉的一种啤酒的三环商标是等价的。这些环有时候被叫做博罗米环(Borromean

图7.5 不用把一个从另一个的开口处塞过去就能分开的交扣在一起的曲线。上面的曲线可以通过把扭曲的曲线从开口A处穿过自身,然后把两端接起来而分开。

rings），因为它们组成了文艺复兴时期意大利博罗米家族的盾徽。我还没见到过只有一个表面、自身不交叉，且有两条或更多条边交扣在一起但不相连的纸模型。也许某个聪明的读者能做出一个来。

补　遗

一种有趣的双层默比乌斯带可以用硬质塑料做成。这可以让你把手指轻松地在"两条"带子之间移动整整一圈。

温尼伯市的斯托弗（Mel Stover）来信说，他用柔韧的白色塑料带制作了一个模型，在"两者的夹层"里插了条红色塑料带。由于红色塑料带在看似两条分离的带子之间显而易见，所以当红色带子滑出而白色带子被证明是一条带子时，让人感到意外的程度就更大了。红色带子必须有开口，两端重叠但不能接在一起，否则它就会与白色带子连在一起而不能滑出来。

当斯托弗模型中的红色带子夹在白色带子中时，就呈默比乌斯带的形状。每个不可定向的表面（即单面）都能以类似的方式用所谓的"双层"双侧曲面来覆盖住。例如，克莱因瓶就可以用环面完全覆盖住，不过环面的一半要翻个里朝外才行。像覆盖默比乌斯带一样，这个表面看似两层分离的表面，一个套一个。如果你在任意一点上刺个孔，就会发现内层表面与外层表面被克莱因瓶的表面分离开，尽管内层和外层表面都是同一个环面的不同部分。（参见《几何学与想象力》（*Geometry and the Imagination*），希尔伯特（David Hilbert）和科恩–福森（S. Cohn-Vossen）著，英文版，1956年，第313页。）

第 8 章

迷人纳什棋

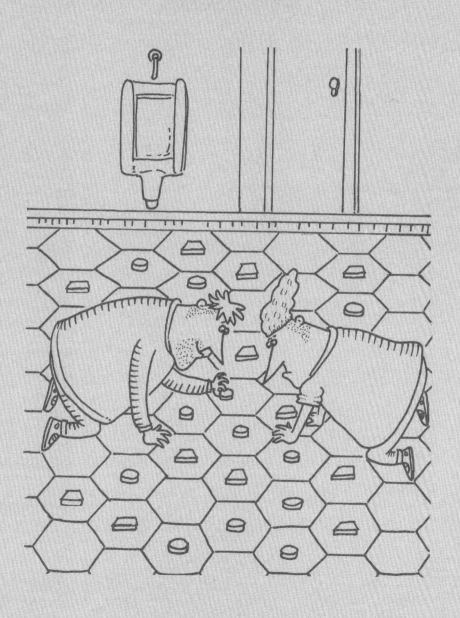

现在只要有人发明一种既新奇又好玩的数学游戏,就会很让人注意。纳什棋(Hex)就属于这一类,它是15年前在哥本哈根的玻尔理论物理研究所(Niels Bohr's Institute for Theoretical Physics)①提出的。这也是20世纪流传最广也最值得进行深入分析的数学游戏之一。

纳什棋可在一张由六边形组成的菱形棋盘上进行(见图8.1)。六边形

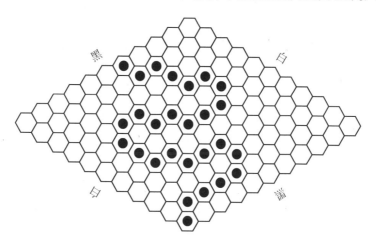

图8.1　在每条边上有11个六边形格的纳什棋棋盘上"黑"方取胜的一个链条

---

① 该研究所由丹麦著名物理学家、1922年诺贝尔奖获得者尼尔斯·玻尔(Niels Bohr, 1885—1962)创立于1921年,隶属哥本哈根大学。1965年,为纪念玻尔诞辰80周年,改为此名。世界上许多著名科学家都在那里访问和学习过。——译者注

的数量可多可少,不过通常的棋盘每条边上都是11个。菱形的两条对边标记为"黑",另两条对边标记为"白"。菱形角上的六边形可算作两边共有。一方拿黑子,一方拿白子。双方轮流下子,可下在任意一个空六边形上。"黑"方的目标是在标记为"黑"的两条边之间连出一条不间断的由黑子组成的链条。"白"方的目标是在标记为"白"的两条边之间连出一条不间断的由白子组成的链条。

这个链条可以随便弯曲和转向,一个取胜的例子见图8.1。双方交替下子,直到一方连出一条完整的链条来。这个游戏不可能出现平局,因为一方只有完成自己的链条才能堵死对方。规则很简单,但纳什棋是一个在数学上精密得让人惊叹的游戏。

纳什棋是海恩[①]最早发明的,他肯定是丹麦最出名的人物之一了。海恩最初在玻尔理论物理研究所当学生,后来他有了好几项工业发明,就转向了工程学,直到德国1940年入侵丹麦。由于海恩是一个反纳粹小组的头领,他不得不进入地下活动。战后他成为丹麦最主要的报纸《政治报》(Politiken)上有名的科学及其他专题的作家。他还曾以笔名库柏尔(Kumbel)出版过多卷讽刺诗,销量以百万计。

海恩在琢磨拓扑学中著名的四色定理时想出了这个游戏。(这个定理在1976年得到证明,就是用四种颜色就足以画出任何一张地图,且不会使两个同色国家有共有边界。)海恩在1942年给研究所里的学生讲课时介绍了这个游戏。同年12月26日的《政治报》上刊登了对该游戏的描述,它很快就以"多边形"的名字风靡丹麦全国。可以用铅笔画着玩的拍纸簿在出售,同时《政治报》在好几个月里一直在连载多边形问题,悬赏征集最佳解答。

[①] 海恩(Piet Hein, 1905—1996):丹麦数学家、科学家、发明家、哲学家、诗人、设计家、游戏发明家。常用笔名Kumbel,在古斯堪的那维亚语里意为"墓碑"。——译者注

1948年,时为普林斯顿大学数学专业研究生(后为麻省理工学院教授,并成为全国博弈论界杰出权威)的约翰·纳什[1]独立地重新发明了该游戏,很快就迷住了普林斯顿大学及高等研究院的数学专业学生。这个游戏通常叫做纳什棋或约翰棋,后一个名字[2]主要与一个事实有关,就是这个游戏常在洗手间地面的六边形地砖上玩。1952年帕克兄弟公司以 Hex 为名发布了该游戏的一个版本,现在一般将它称为纳什棋。

愿意试试纳什棋的读者可自行打印多张棋盘。可以在纸上用圆圈和大叉填入六边形来玩这个游戏。如果你喜欢在固定的棋盘上用能移动的棋子来玩,那么可以在厚纸板上画一个大的,也可以把六边形的地砖黏接起来做一个。如果地砖足够大,也可用普通西洋跳棋棋子。

要了解其中的奥妙,最佳办法之一就是在用少量的六边形构成的棋盘上玩。如果用2×2的棋盘(即4个六边形),先行方明显会赢。如果用3×3的棋盘,先行方第一步走在棋盘中心(见图8.2)就可以轻松取胜。因为"黑"方在他的两边都有一步"双杀",对手没办法阻止他在走第三步时取胜。

在4×4的棋盘上,情况就变得复杂起来了。如果先行方立即占领图8.3

图8.2

图8.3

① 纳什(John Nash, 1928—2015),美国数学家,主要研究博弈论和微分几何学。1994年与另两位博弈论学家海萨尼(John C. Harsanyi)和泽尔腾(Reinhard Selten)合获诺贝尔经济学奖。——译者注

② John:约翰;john:厕所。——译者注

中标记的4个方格中的任何一格,就肯定能赢。如果从别处开局,则总是会被打败。从2或3处开局,能保证在第五步赢;从1或4处开局,则在第六步赢。

在5×5的棋盘上,仍然可以证明如果先行方立即占领位于中央的那些六边形,就可以在第七步赢。在更大点的棋盘上,分析起来就相当困难了。当然,在标准的11×11棋盘上的复杂情况数简直是天文数字,要做出完整的分析,靠人类的计算能力根本办不到。

博弈论专家发现纳什棋特别有趣,理由如下。尽管没有发现什么"决定程序"可以保证在一个标准棋盘上取胜,但有归谬法的"存在证据",表明在任何大小的棋盘上都有让先行方取胜的策略!("存在证据"仅证明某个东西存在,并不告诉你怎么去发现它。)下面是该证据的高浓缩版本(可以表达得更为严谨些),1949年由约翰·纳什得出。

1. 因为不是先行方赢就是后行方赢,所以要么对先行方要么对后行方,存在取胜的策略。

2. 我们假设后行方有取胜策略。

3. 先行方可以采取如下防范对策。他先任意走一步。之后他按后行方的取胜策略走。简单地说,他成了后行方,但他在棋盘上多了一个棋子。如果在运用这个策略时要求他在自己任意走过的第一步那个格子里走,那他就再任意走一步。如果后来还要求他在自己任意走过的第二步那个格子里走,那他就任意走第三步,依此类推。以这种方法,他总是在棋盘上多出一个棋子的情况下执行取胜策略。

4. 多出的这个棋子并不妨碍先行方效法取胜策略,因为多出的棋子总是有用的东西,永远不会是累赘。因此,先行方会赢。

5. 既然存在着后行方的取胜策略这一假设产生了矛盾,我们只好放弃这个假设。

6. 因而,对先行方来说肯定有让他取胜的策略。

纳什棋的基本问题有很多变种。其中一个版本是,每个玩者都设法逼迫对手连成链条。普林斯顿大学数学专业的研究生温德尔(Robert Winder)设计了一个很巧妙的证明,指出如果棋盘每条边上都有偶数个格子,先行方总能取胜;如果棋盘每条边上都有奇数个格子,后行方总能取胜。

读者玩了一段时间的纳什棋后,也许愿意面对海恩设计的三个问题。这些问题显示在图8.4的三个图中。三个问题的目标都是找出能确保"白"方取胜的第一步。

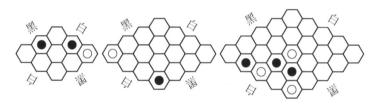

图8.4　纳什棋三问题

补　遗

纳什棋可以在几种不同类型的棋盘上进行,只要它与六边形在拓扑学上等价就成。例如,等边三角形棋盘就可以用,可把棋子放在交叉点上。只要你设想普通象棋棋盘上的方格只能在一个对角线方向连起来(如东北—西南向,而不是东西—南北向),那么这种棋盘就与纳什棋棋盘同构。我个人认为,真正玩起来的话,这两种棋盘都不如由六边形组成的马赛克棋盘。

人们提出了菱形以外的好几种纳什棋棋盘的形状。例如,麻省理工学院的香农[1]提出了一种等边三角形形状的棋盘。先把三角形的三条边都用链条

---

[1] 香农(Claude Shannon, 1916—2001),美国应用数学家,信息论的奠基人。——译者注

连起来者为胜。角上的格子视为两相邻边共有。纳什对先行方可取胜的证明,同样能应用于这个游戏版本。

在标准的纳什棋中,人们提出了好几个方案来抵消先行方的强大优势。或许是不准先行方在短对角线上走第一步。或许是判断赢家的标准为看谁取胜所走的步数少。也可以是先行方先走一步,此后每个人一次走两步。

禁不住要假设,在 $n×(n+1)$(例如 $10×11$)的棋盘上让先行方取两条相距最远的边,那么双方的相对优势会更接近均等。不幸的是,有人发现了一个很简单的策略,可以让后行方稳操胜券。这个策略涉及沿中心轴的镜射对称。如果你是后行方,设想这些格子是按图8.5中字母标记的方案两两配对的。你的对手每走一步,你就在标记着同样字母的格子里走一步。得益于你在棋盘上的两条边之间距离较短,你是不可能输掉的!

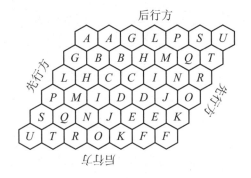

图8.5　后行方如何把格子配对,以便在"短"棋盘上取胜

再说几句玩纳什棋的一般策略。相当一批读者来信说他们很失望,因为他们发现先行方只要占据了中心那个格子,然后朝棋盘两边的相邻格子扩展链条就可以轻松获胜。他们争辩说,由于先行方在连下一段链条时总是有两个格子可选,不可能封住他的去路。当然,他们玩的时间不够长,所以没有发现占领与链条末端不相邻的格子就可以堵死它。这个游戏玩起来比初看上去微妙多了。有效的封堵往往出现在看似与被堵链条没有什么关系的地方。

更高深的一个策略是以下面这个程序为依据的。先从中心开始走,然后设法往你要连接的两条边上各形成一条分隔相连的链,对角或垂直方向均可,就像图8.6中的两条链。如果对手从垂直方向堵截你,你就走对角方向;如果他在对角方向拦截你,你就走垂直方向。当然,你一旦用分隔的链条成功地把两条边连了起来,而链条上的每个缺失处都形成双杀,就谁也拦不住你了。这对新手来说是个好策略,但也有正确的防御办法来对抗它。

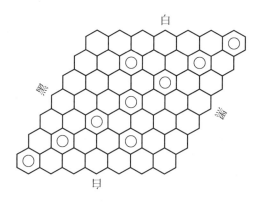

图8.6

还有一个策略为一种纳什棋游戏机提供了基础,这种机器是当时同在贝尔电话实验室工作的香农和穆尔(E. F. Moore)建造的。香农对这种设备的描述如下(摘自他的论文"计算机与自动控制"(Computers and Automata,载于《无线电工程师研究所公报》(*Proceedings of the Institute of Radio Engineers*)第41卷,1953年10月)):

研究了一阵这个游戏后,我猜想如果按下面的程序做,可能会产生一步好棋。搭起一个与游戏棋盘对应的平面电势板,白子为负电荷,黑子为正电荷。棋盘的顶端和底端为负极,两边为正极。产生的步子与棋盘上某个指定的鞍点相对应。

为了检测这一策略,我们建造了一个模拟设备,包括一个电阻网和一个寻找鞍点的小配件。随着经验的积累,作出了一些改进,但总原则被证明是非常有效的。第一次玩时,机器在与人的对抗中获得了大约70%的胜率。机器还常常会走看似古怪的路线,这让设计者颇感意外,但经过分析,证明它是正确的。我们通常把计算机看做能完成漫长且辛苦的运算工作的专家,而在普通价值判断上并不在行。反常的是,这台机器在判断位置方面非常不错;其主要不足是在终局阶段的组合性出招上。还有一个令人惊奇的地方,就是机器选手把通常使用的运算程序颠倒了过来,因为它用模拟机器解决了一个基本数位问题。

香农还开玩笑地造过一台纳什棋游戏机,它每次都后走,但总是能赢,这让知道先行方占上风的那些六边形游戏专家感到很迷茫。他设计的棋盘一边短一边长(7×8),装在一个矩形箱子里,把两边的长度差异掩盖了起来。很少会有人生疑并仔细数两边上的格子是否一样多。机器当然是按前面描述过的镜射取胜法的路子走。本可以让机器迅速作出反应来走下一步,但它被装上了电热调节器来减缓运作过程。作出一个决策需要一至八秒,给人的印象是机器在根据对阵的局面进行着复杂的分析!

答 案

图8.4中的三个纳什棋游戏问题的解决办法见图8.7。对各种交替走法的完整分析太长,无法在此给出,只能把"白"方正确的第一步用叉表示出来。

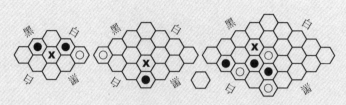

图8.7

好几位读者相信,在第三个问题里,"白"方走第22格(从最左边开始,向右上方按行计数,由1到25)也能取胜。不过,"黑"方采用下面这种巧妙的走法就能击败他:

白	黑
22	19
18	10
5	9
4	8
3	7

"白"方只能按这个路子走。如果他不这么走的话,"黑"方会赢得更快。对局走到上面几步完成时,"黑"方会形成一个链,链的两端都有双杀,中间一个断裂处还有另一个双杀,而"白"方无法阻止他取胜。

第 9 章

萨姆·劳埃德:伟大的美国趣味数学家

萨
姆·劳埃德(Sam Loyd)这个名字对本书的很多读者来说并不熟悉，然而他是美国一个地地道道的天才，而且在其有生之年算得上是个名人。在1911年他去世前的大约半个世纪里，他是全国公认的趣题之王。他的名下有成千上万种极佳的趣题，大多数都是数学上的，有很多现在仍很流行。

实际上有两个萨姆·劳埃德，他们是父子俩。老劳埃德去世后，小劳埃德去掉了名字中的那个"小"字，并子承父业，在布鲁克林区一间昏暗狭小的办公室里给杂志和报纸写趣题专栏、出书，还出了些新奇的玩意儿。但儿子(1934年去世)没有父亲的发明创造能力，出的书充其量不过是把老爹的成果匆忙汇总在一起的集子。

老劳埃德1841年生于费城，父母"富裕而诚实"(他自己曾这么说过)。他父亲是房地产经纪人，1844年搬到了纽约，劳埃德就在那里上公立学校，一直上到17岁。如果他上大学，他可能会成为一个杰出的数学家或工程师。但萨姆没有上大学，一个理由是他学了下象棋。

此后10年间，劳埃德除了在棋盘上把玩棋子外几乎没有干别的什么事情。当时非常流行下象棋，很多报纸都有象棋专栏刊登读者设计的排局问题。劳埃德的第一个排局问题在他14岁时被纽约一家报纸发表。以后的五年里，他写了大量的象棋排局趣题，在整个象棋界出了名。16岁时，他当上了由菲斯克(D. W. Fiske)和青年象棋大师莫菲(Paul Morphy)主编的《国际象棋月刊》(*Chess Monthly*)的象棋排局专栏编辑。后来他编辑了好几家报纸的象棋专栏,并以各种各样的笔名定期给很多其他报刊撰稿。

1877年至1878年,劳埃德每周为《科学美国人副刊》(*Scientific American Supplement*)的象棋专栏写一篇稿子,每篇文章的第一个字母是用象棋排局问题中的棋子名组成的。这些专栏后来成了他的《国际象棋策略》(*Chess Strategy*)一书的主要内容,该书是他1878年在自己的印刷所(位于新泽西州伊丽莎白镇)出版的,其中有他精选的500道题,成了收藏家们爱不释手的珍品。

劳埃德18岁时创作、后来重印得最广的象棋排局问题,是以他的趣题常用的以奇闻轶事装扮的形式出现的。大约在1713年,瑞典的查理十二世被土耳其人围困在本德(Bender)的营地里,国王常常与一位大臣下棋消磨时间。有一次,对弈进行到图9.1所示的这个局势时,查理(白方)宣布三步就可以把对方将死。恰在这个时候,一发子弹飞来打碎了白马。查理再次仔

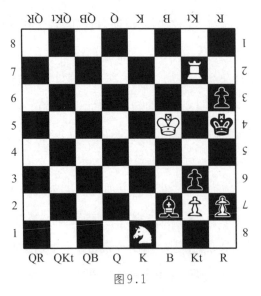

图9.1

细看了看棋盘,笑了笑说,他不需要马了,因为他再用四步仍然可以将死对方。刚说完,第二发子弹飞来把王翼车前的兵打飞了。查理泰然自若,仔细研究了棋局后宣布,五步可以将死对方。

这个故事里的例子真是前所未有。几年后,一位德国象棋专家指出,如果第一发子弹打碎了白车而不是白马,查理仍然能用六步将死对方。爱好象棋的读者们可以试试这个由四部分组成的问题。

劳埃德第一个赚钱的趣题的原始版本是他自己十八九岁时画的,见图9.2。沿虚线剪开后,可以重拼这三个矩形(不用折叠),让两位骑师骑在两头驴身上。巴纳姆(P. T. Barnum)从劳埃德那里购买了数百万个这种趣题,并以"巴纳姆的妙驴"之名发售。据说这个趣题在短短几个星期内就给劳埃德

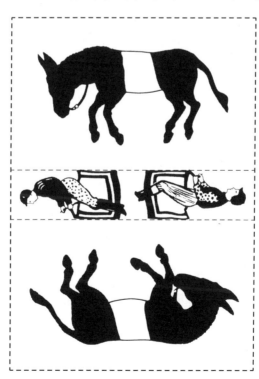

图9.2

赚了一万美元，至今还很流行。

从数学角度看，劳埃德最有意思的创造是著名的"14–15"滑块游戏，又叫"老板"趣题。这个游戏在40年代末意外地卷土重来，现在仍能在大多数小杂货店的玩具柜台上买到。如图9.3所示，盒子里有15个标上数字的方格，可以随意地在里面滑动。游戏开始时，最后两个数字不是按正确的顺序排列的。问题是要在不把方格从盒子里拿出来的前提下滑动方格，直到所有数字按顺序排列，而空格仍留在右下方。1970年代，这种14–15滑块游戏在海内外都非常流行，并有大量的相关学术论文发表在数学刊物上。

1	2	3	4
5	6	7	8
9	10	11	12
13	15	14	

图9.3

劳埃德悬赏过1000美元征集对该问题的正确解法。成千上万的人发誓说他们已经解决了，但是没有人能回忆起自己走过的路线并记录下来而领到奖金。劳埃德悬赏的奖金不会有人领走，因为这个题谁也解不了。在方格的20万亿多个可能的布局中，按这里描述的布局来滑动方格，恰好只有一半能够实现。剩余的布局（包括悬赏征集的那个），用置换数学的术语来说，都有不同的"奇偶性"，从奇偶性相反的任何布局开始都无法达到目标。

这个游戏有时候是把方格随意摆放在盒子里来玩，只要把方格滑动到按自然顺序排放即可。成功的概率当然是 $\frac{1}{2}$。确定从任何一种A布局达到B布局的结果是否可行有一种简单方法，就是看从A变换到B需要经过多少次"交换"（即在盒子里把任何两个方格从原来的位置移出并交换位置）。如果次数是偶数,就说明 A 和 B 的奇偶性相同,A、B 两种布局可以通过滑动方格相互转换。

任何两个方格的单次交换都会自动逆转奇偶性这个事实,引出了几年前销售的该游戏的一个尤其诡异的版本。如图 9.4 所示,这里的方格不是用数字标记,而是用字母标记。RATE 和 YOUR 在一种颜色的方格上,MIND 和 PAL 在另一种颜色的方格上。你给自己要作弄的对象看看这个布局,然后随便滑动方格,打乱原来的布局。打乱的过程中,你偷偷地把第二个 R 移到左上角,然后再把东西给他。受作弄的对象自然会让这个 R 继续待在那个角落里不动,而设法把剩余的方格按顺序排放。这是不可能做到的,因为两个 R 的互换改变了奇偶性。那个可怜的家伙能排列出的最佳答案只能是 RATE YOUR MIND PLA。

R	A	T	E
Y	O	U	R
M	I	N	D
P	A	L	

图 9.4

劳埃德最出色的趣题无疑是著名的"离开地球"矛盾体,于 1896 年取得专利。一张圆形纸板,其中心钉在一张方形纸板上,沿其边缘印有 13 个中国武士的图像。每个武士的一部分在圆盘上,一部分在方形纸板上。慢慢转动圆盘时,各部分可以拼出不同图形,其中一个武士会突然间消失得无影无踪!这个趣题有很多制作版本,图 9.5 是一个大家不大熟悉但更具迷惑性的版本,叫做"泰迪与狮子"。圆盘转动到某个位置时,你看见七头狮子和七个猎手;转到另一个位置,却成了八头狮子和六个猎手。第八头狮子是哪里来

(A)

(B)

图9.5　劳埃德的"泰迪与狮子"矛盾体。(A)里有七头狮子和七个猎手;(B)里有
八头狮子和六个猎手。

的呢?哪个猎手失踪了?他到什么地方去了?

1914年,小劳埃德在其父亲去世三年后出了一部巨著《趣题大全》(*Cyclopedia of Puzzles*),应当算是至今最厚重的单卷本趣题集了。下面这道智力题就是从这本神话般的早已绝版的著作中选取的。说的是一位白发大师如何机智地解一个简单问题的方法。实际上只需要头脑清醒并能进行分数运算就成,但这个问题被戏剧化了,成了一个令人兴奋的挑战。

劳埃德解释说,在暹罗①人们饲养着两种鱼,原因是它们好斗。一种是叫做王鱼②的大白河鲈,另一种是叫做魔鬼鱼③的小黑鲤。"两种鱼不共戴天,见面就厮杀,不战斗到最后一刻决不罢休。"

1条王鱼可以在几秒钟内干掉1条或2条小魔鬼鱼。但魔鬼鱼"轻快灵活,善于合作,成群出没,3条小不点就能跟1条大家伙拼杀,连续战斗好几个小时而不分胜负。它们聪明又科学地运用战略战术,4条小不点可以用3分钟干掉1条大家伙。如果成群结队作战,小家伙们可以成比例地更快给出致命一击。"

(那就是说,5条魔鬼鱼干掉1条王鱼的时间是2分24秒,6条魔鬼鱼干掉1条王鱼的时间是2分钟,依此类推。)

如果4条王鱼对阵13条魔鬼鱼,并假设魔鬼鱼以最有效的方式合作战斗,哪一方会取胜?需要的准确时间是多少?

要避免劳埃德对该问题陈述中的歧义,应该说明:魔鬼鱼总是结成3条或3条以上的团队来对付1条王鱼,直到拿下才算罢休。例如,我们不能假设12条魔鬼鱼围困住了4条王鱼,而第13条魔鬼鱼来回穿梭,同时给予4

① 暹罗是泰国的旧称。——译者注
② 学名无鳔石首鱼。——译者注
③ 学名蝲鱝。——译者注

条王鱼致命的一击。如果我们承认零散的魔鬼鱼有战斗力，那我们就可以推理：如果4条魔鬼鱼用3分钟可以干掉1条王鱼，13条魔鬼鱼就能用$\frac{12}{13}$分钟干掉1条王鱼，或者用$\frac{48}{13}$分钟（3分41$\frac{7}{13}$秒）干掉4条王鱼。但以同样的推理思路会导出这样的结论：12条魔鬼鱼可以用1分钟干掉1条王鱼，或者用4分钟干掉4条王鱼而不需要第13条魔鬼鱼助阵。这个结论明显违反了劳埃德关于3条魔鬼鱼无法干掉1条王鱼的假设。

补　遗

密歇根大学哲学教授伯克斯（Arthur W. Burks）来信告诉我，劳埃德的14–15滑块游戏与现代数字计算机之间有一种很有趣的类似关系。两者都有有限数目的状态，一个接着另一个。在计算机上或14–15滑块游戏上的每一次"运行"，都开启了一种特定状态。所有其他状态可以分为两组：能通过"输入"来实现的"容许"状态和不能通过"输入"来实现的"不容许"状态。这个问题在伯克斯教授的论文"固定与增长的自动控制逻辑"（The Logic of Fixed and Growing Automata）第63页上讨论过（密歇根大学工程研究所一份1957年发行的备忘录）。

答　案

那个象棋排局问题里，白方用车吃掉黑兵就可以在三步内将死对方。如果黑方吃掉了白车，白方把马跳到B3，黑方就不得不走象，白方用兵可在Kt4处将死黑方。如果黑方吃马而不吃车，那么白车可在R3处将对方的军，黑方提象来挡，白方跟前面一样用兵在Kt4处将军。

子弹打碎白马后，白方用自己的兵吃掉对方的黑兵，在四步内将死对方。如果黑方走象到K6，白方即走车到Kt4。黑象到Kt4后，白车到R4（将军）。黑象吃掉白车，白方走兵到Kt4，将军。

子弹打掉R2的白兵后，白方走车到QKt7，五步将死对方。如果黑方把象走到K6，那么：(2) R-QKt1，B-Kt4；(3) R-R1（将军），B-R5；(4) R-R2，P×R；(5) P-Kt4（将死）。① 黑方第一步走B-Kt8的话，那么：(2) R-QKt1，B-R7；(3) R-K1，K-R5；(4) K-Kt6，任意走；(5) R-K4（将死）。

如果第一发子弹打掉了白方的车而不是马，白方走马到B3，可以六步将死。黑方的最佳反应是走B-K8，就会导致出现(2) Kt×B，K-R5；(3) P-R3，K-R4；(4) Kt-Q3，K-R5；(5) Kt-B4，P-R4；(6) Kt-Kt6（将死）。

两位骑师可以按图9.6所示放在两头（神奇地飞奔起来的）驴子身上。图9.7重现的17世纪初的波斯图案，很可能是劳埃德的这个著名趣题的来源。

关于"泰迪与狮子"悖论，要问哪个猎手失踪了或哪头狮子新冒了出来，是没有意义的。当把图案重新组合时，**所有的**狮子和猎手都消失了。新组成的图中的八头狮子，每头比原来小 $\frac{1}{8}$；六个猎手，每个比原来大 $\frac{1}{6}$。

---

① 这里采用的是英美记录法，棋盘上各条线的名称见图9.1。每一步以棋子名称与所到格子表示，其中K表示王，Q表示后，R表示车，B表示象，Kt表示马，P表示兵。如R-QKt1表示车走到QKt1的格子里。吃子时不记格子而记对方棋子，如P×R表示兵吃车。——译者注

图9.6　驴子趣题解答

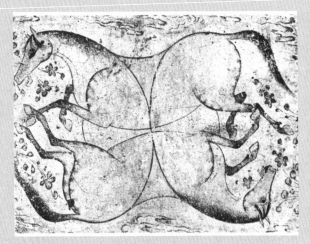

图9.7　17世纪波斯图案(承蒙波士顿美术馆提供)

　　解鱼类厮杀的那个问题有很多方法。这里是劳埃德自己对解法的特定描述:

　　"每3条小鱼一组,三对一围攻住1条大鱼,3组小鱼让3条大鱼无法脱身,而另外4条小鱼正好用3分钟干掉第4条大鱼。然后5条小家伙对付1条大鱼,用2分24秒解决战斗,同时其余小鱼围攻剩下的大鱼。

很明显,如果剩下的两组每组都新添一个同伙助阵,那它们可在同一时刻解决战斗。这样的话,每条大鱼剩余的力量只能与1条小鱼抗衡2分24秒。因此,如果现在是7条鱼而不是1条鱼发起攻击,则只需要原有时间的 $\frac{1}{7}$ (即 $20\frac{4}{7}$ 秒)就能解决战斗。

把这些小鱼分开来对付剩余的2条大鱼(一组七对一,一组六对一)时,最后1条大鱼在 $20\frac{4}{7}$ 秒过后仍需要1条小鱼用同样时间才能消灭。13条小鱼集中厮杀,就会让大鱼在原有时间的 $\frac{1}{13}$ (即 $1\frac{53}{91}$ 秒)时毙命。

把几轮搏斗的时间(3分、2分24秒、$20\frac{4}{7}$ 秒、$1\frac{53}{91}$ 秒)相加,我们就能算出整个战斗消耗的时间是5分 $46\frac{2}{13}$ 秒。"

第 10 章

数学扑克戏法

毛姆[①]的短篇小说《万事通先生》(*Mr. Know-All*)中有这么一段对话：

"你喜欢扑克戏法吗?"

"不,我讨厌扑克戏法。"

"没关系,我只给你看这一个。"

玩过三个戏法后,被折腾得实在无奈的那个人找个借口离开了屋子。他的反应可以理解。大多数扑克魔术都很令人讨厌,除非是技艺娴熟的专业人员在表演。不过,一些能"自动运行"的扑克戏法,从数学角度看却很有意思。

看看下边这个戏法。魔术师坐在观众正对面的桌子后,先从一副牌里随便取出20张,翻过来让牌面朝上。观众把整副牌彻底洗开,好让翻过面来的牌随机分布在里面。然后他把这副牌拿到桌子下任何人都看不见的位置,从最上面一张开始盲数出20张牌来。把这20张牌从桌子下递给魔术师。

魔术师接过这20张牌,继续在桌子下面拿着,自己也看不见。"你我都不知道,"他说,"你递给我的这20张牌里有多少张是翻过面来的。不过,翻

---

① 毛姆(Somerset Maugham, 1874—1965),英国剧作家、小说家。——译者注

115

过面来的牌数很可能比你手里拿着的那32张牌中翻过面来的牌数要少。我不看自己手中的牌,而是再从没翻过面来的牌中翻转一些,试着让我手里的牌中翻过面来的牌数与你手里翻过面来的牌数完全相等。"

魔术师拿着牌摸索了一阵,假装自己能凭感觉判断出牌的正面和背面。然后他把牌拿到桌子上摊开。大家数了数面朝上的牌,张数与那位观众手里拿着的32张牌里面朝上的牌张数相等!

这个非凡的戏法可以用最古老的数学难题之一来解释。假设你面前有两个大口杯,一个装着一升水,另一个装着一升酒。把一毫升水倒进盛酒的杯子,让水与酒混合均匀。然后把一毫升混合液倒回盛水的杯子。现在酒里的水是不是比水里的酒要多呢?或者正好相反?(我们忽略实际情况下水与酒的混合体与混合前两种液体的体积总量上的微小差异。)

答案是,水里的酒与酒里的水正好等量。这个问题的有趣之处在于,它涉及了非常多的不相关信息。其实没必要知道每个杯子里有多少液体,倒出倒进了多少量,也没有必要知道倒了多少次。混合液是否搅拌均匀根本不重要。甚至开始时两个容器里的液体是否等量也不重要!唯一重要的条件是,到了最后,两个容器里装的液体必须与开始时完全等量。这个条件得到满足后,很明显,如果装酒的杯子里少了 x 容量的酒,这个原先由酒占据的空间一定是被 x 容量的水填充了。

如果读者觉得这个推理不大好理解,他可以用一副扑克牌迅速弄明白其中奥妙。拿26张牌面朝下放在桌子上代表酒,旁边再放26张面朝上的牌代表水。然后你可以在两叠牌里来回随意移动调换,只要最后每叠牌都是26张就成。这时你会发现任意一叠牌中面朝下的牌数与另一叠牌中面朝上的牌数相等。

现在来做一个类似的试验,开始时32张牌面朝下,20张牌面朝上。在两叠牌之间随意调换,只要最后少的那叠牌是20张就成。此时,在牌多的那叠里,面朝上的牌数肯定与20张的那叠里面朝下的牌数完全一样。现在把牌数少的那叠牌翻个面。这就自动把面朝下的牌翻成了面朝上,把面朝上的牌翻成了面朝下。因此两叠牌中面朝上的牌数就一样了。

这个戏法的道理现在就很清楚了。开始时魔术师正好翻转了20张牌。后来当他从观众手中接过那叠20张牌时,牌中面朝下的牌数等于剩余的那叠牌中面朝上的牌数。然后他装作再翻了几张牌,但实际上他所做的仅仅是把整叠牌翻个面而已。这些牌里翻过面来的牌数与观众手里拿着的32张牌里翻过面来的牌数相等。这个戏法让那些喜欢考虑各种各样复杂解释的数学家特别伤脑筋。

很多在魔术行业里被称做"拼字者"的扑克游戏结果都是以初等数学原理为基础的。这里是其中最好的例子之一。你背对着观众,让某个人从一副牌里拿出1到12张来,藏在口袋里不告诉你是多少张。然后你让他在剩余的牌里从最上面开始向下数到那个你不知道的张数,并让他记住那张牌点。

你转过身来,让他说出一个人的姓名,健在的和死去的都可以。比如,有人说玛丽莲·梦露(Marilyn Monroe)。(顺便说一句,人名必须包含12个以上字母。)你手里拿着这叠牌,对口袋里藏着牌的那个人说:"我要你每次往桌子上放一张牌,这样拼出Marilyn Monroe。"你边说边演示,从那叠牌的最上面一张开始,念一个字母放一张牌,直到你把那个名字大声拼出来,在桌子上放成一叠面朝下的牌。拿起牌数少的那叠牌,放回到整叠牌里。

"不过,在你这样做之前,"你接着说,"我要你把口袋里的牌放在这叠牌的上面。"你要强调(其实也是真的)你无法知道那里有多少张牌。但是,尽管添加了这些不知数量的牌,当观众拼完了名字Marilyn Monroe后,紧接着的那张(牌叠顶上的)牌肯定会是他刚才记住的那张牌!

其中的奥妙分析起来一点也不难。把观众口袋里的牌数,同时也是桌子上那叠从上往下数时选中的那张牌的位置序数设为x。把选取的名字里的字母数设为y。你演示拼写名字的过程就自动颠倒了y张牌的顺序,把被选中的那张牌从上到下的位置序数变成了$y-x$。给这叠牌添上x张牌就相当于在被选的那张牌上放上了$y-x+x$张牌。正负两个x抵消,正好剩下y张牌来拼写名字,拼完后你要找的那张牌就出来了。

下面的结果涉及一个更微妙的补偿性原理。叫一位观众任意挑出3张牌,面朝下放在桌子上,不让魔术师看到。把剩下的牌洗好后递给魔术师。

"我不会改变任何一张牌的位置,"魔术师解释道。"我只拿掉一张牌,其点数与颜色与你过会儿要选的那张相同。"然后他就从手中的牌里取出一张,面朝下放在桌面的一侧。

现在让那位观众把剩下的牌拿在手里,把他前面放在桌子上的那3张牌翻成面朝上。我们假设这3张牌是9、Q和A。魔术师要求那位观众在9这张牌上面朝下发牌,边发边大声报数,从10开始数到15。换句话说,观众在9这张牌上面朝下放了6张牌。接着在另两张牌上照此程序进行。Q的点数是12(J是11,K是13),上面要放3张牌,从13数到15。A的点数是1,上面要放14张牌。

现在魔术师让那位观众算出最初那3张面朝上的牌的总点数,并在剩余的牌里关注从上往下数到与总点数对应的那张牌。在这个例子中,总点数是22(9+12+1),因此那个观众就看第22张牌。魔术师把自己的"预测牌"翻过来,结果这两张牌的点数和颜色相同。

这是怎么做到的呢?当魔术师看着那叠牌要找出一张"预测牌"的时候,他注意到由底往上数的第四张牌,接着取出了另一张与其点数和颜色相同的牌。剩余的戏法就是自然而然的事了。(偶尔,你会发现预测牌在底下的3张牌里。这种情况发生时,你必须记得在那位观众报完数找出自己选的那张牌后,让他看**下一张牌**。)至于这个戏法为什么永远不会穿帮,要弄明白倒并不难,但我还是留给读者去做代数证明吧。

洗牌的过程如此轻松,使得它特别适合用来说明大量有关概率的定理,其中许多结论非常令人吃惊,甚至可以被称做戏法。例如,我们想象两个人各拿了一副洗好的52张牌。一个人大声地从1数到52,每数一个数,两人都发一张牌,面朝上放在桌子上。在这个发牌过程中,两人在某一轮同时发出相同的牌的概率是多大?

大多数人会以为这个概率很低,但实际上它大于$\frac{1}{2}$!**不出现**巧合的概率是1除以超越数e。(这并不完全准确,但误差小于10的69次方分之一。读者可参阅鲍尔(W. Rouse Ball)的《数学游戏和随笔》(*Mathematical Recreations and Essays*)现行版第47页,看看这个数字是怎么得来的。)由于e是2.718…,出现巧合的概率大约是$\frac{7}{27}$,或接近$\frac{2}{3}$。如果有人愿意跟你打赌说不出现巧合的概率能占一半,那你挣点零花钱的机会是很大的。有趣的是,我们这里有用来进行e的十进制展开的一个以概率论为基础的经验程序(类似于对π做同样的事情的"蒲丰投针问题"[①]程序)。使用的牌越多,不出现巧合的概率越接近$\frac{1}{e}$。

---

① 蒲丰投针问题是法国科学家蒲丰(G. L. L. Buffon, 1707—1788)提出的一种计算圆周率π的方法。具体步骤是:在平面上画一组间距为d的平行线,将一根长度为l(l<d)的针任意投掷在这个平面上,考察此针与平行线中任一条相交的概率。蒲丰证明了这个概率是$\frac{2l}{\pi d}$,利用这个公式可以得到π的近似值。——译者注

第 11 章
记　数

每个人都使用记忆手段——把要记住的信息与更容易记住的东西联系起来记忆的方法。在美国，这类手段中最为人们熟知的肯定是下面这个顺口溜，开头是"Thirty days hath September ..."[①]。另一个广为人知的记忆手段是"Every good boy does fine"（每个好小伙子都很棒，首字母EGBDF是五线谱的音度线）。

同样的原理可以用来记数，但方法有各种各样的变化。数学家最容易使用这种窍门。1951年罗素[②]游览纽约时告诉过一位报纸专栏作家，他毫不费力就能记住自己在沃尔多夫–阿斯托利亚[③]的房间号1414，因为1.414是2的平方根。英国数学家哈代[④]写到过在编号为1729的出租车上拜访自

---

① 这是记忆每个月份包含天数的顺口溜，全文共6行：Thirty days hath September, / April, June and November; / February has twenty-eight alone, / all the rest have thirty-one; / excepting leap-year, that's the time / when February's days are twenty-nine. （有30天的是9月，4月，6月和11月；2月只有28天，其余都是31天；只是闰年特别牛，2月天数为29。）——译者注

② 罗素（Bertrand Arthur William Russell, 1872—1970）：英国哲学家、逻辑学家、数学家，1950年获诺贝尔文学奖。——译者注

③ Waldorf-Astoria，希尔顿集团旗下奢华品牌，号称总统和名流的御用酒店。——译者注

④ 哈代（G. H. Hardy, 1877—1947），享有世界声誉的英国数学家、分析学家，对数论和分析学的发展有巨大的贡献和重要影响。他还培养了许多数学大家，包括中国数学家华罗庚和印度数学家拉马努金。——译者注

己的朋友、印度数学天才拉马努金①。哈代评论说,这是个枯燥的数。"不,"拉马努金立即回应道,"这是个很有意思的数。它是能以两种不同立方和来表达的最小的数。"(12的立方加1的立方,或10的立方加9的立方。)必须承认,即使在数学家里,与数这样亲密熟悉的人也不多。

最常见的记住一系列数字的记忆手段是一个句子或一段韵文,其中每个单词的字母数与要记的数字按顺序对应。各种语言里都有这种帮助记忆的小窍门,来帮助人们记忆 π 的四位以后的小数。在英语里有按不同长度排列的句子,从无名氏的"May I have a large container of coffee?"(我能要一大杯咖啡吗?),经过詹姆斯·琼斯爵士(Sir James Jeans)的"How I want a drink, alcoholic of course, after the heavy chapters involving quantum mechanics!"(读完难懂的量子力学章节后我多么想喝一杯啊,当然是酒啦!),一直到芝加哥的奥尔(Adam C. Orr)在1906年1月20日《文学摘要》(*The Literary Digest*)第83页上发表的打油诗:

Now I — even I — would celebrate

In rhymes unapt the great

Immortal Syracusan rivaled nevermore,

Who in his wondrous lore,

Passed on before,

Left men his guidance

How to circles mensurate.

(现在甚至是我,也要用蹩脚的诗篇,

来赞美那位伟大而不朽的

① 拉马努金(Srinivasa Ramanujan, 1887—1920),印度数学家,哈代的弟子。——译者注

124

　　永远无可匹敌的叙拉古先贤[①]，

　　他以独领风骚的学问和智慧，

　　超越多少寒暑代代相传，

　　给人类留下他宝贵的指引，

　　到底该怎样来测量圆。）

　　我不知道英语里有没有类似方法帮我们记忆另一个常见的超越数e。但是，如果你能记到e的五位小数(2.718 28)，就会自动记到九位小数，因为最后四位数字是重复的(2.718 281 828)。在法国，把e记到十位小数的传统方法是：*Tu aideras à rappeler ta quantité à beaucoup de docteurs amis*(你会帮我回想起你的许多友善的医生)。也许某些读者可以造出很好玩的英语句子来把e记到至少五位小数。

　　有没有一个记忆系统一旦掌握就可以让我们快速记住任何一串数字呢？确实有一个，而且已被现代记忆学专家开发到很高的程度了。这个系统不但能被用于在餐桌上表演高超的记忆力，还可以在记忆重要的数学和物理常量、历史日期、门牌号和电话号码、牌照号、社会保险号码等方面起很大作用。

　　尽管记忆的艺术可追溯到古希腊(mnemonic这一术语来自希腊记忆女神摩涅莫绪涅(Mnemosyne)的名字)，但直到1634年才有一位叫埃里冈[②]的法国人在巴黎出版了他的《数学教程》(*Cursus Mathematici*)，书中包含了一套独创的记数系统。该系统把数字用辅音代替，然后在任意需要的位置上添加元音，组成单词，而这些单词则可以用别的记忆法轻松地记住。

　　[①] 指阿基米德，他第一个用科学的方法来寻求圆周率的数值。——译者注

　　[②] 埃里冈(Pierre Hérigone, 1580—1643)，法国数学家芒冉(Cyriaque de Mangin)的笔名，其《数学教程》共有6卷，陆续出版于1634—1642年间。——译者注

埃里冈的原创数字字母表很快就被许多国家的记忆专家采纳。在德国,伟大的莱布尼茨[1]对这个概念非常着迷,把它编入了他的通用语言方案里。刘易斯·卡罗尔[2]设计了一个自认为是格雷[3]的《记忆技巧》(*Memoria Technica*)中的数字字母表的改进版,那本书是1730年出版的关于记忆的通俗英语著作。(卡罗尔的数字字母表笔记可以在《科学美国人》1956年4月号上韦弗(Warren Weaver)的文章"刘易斯·卡罗尔:数学家"(Lewis Carroll: Mathematician)中看到。)卡罗尔在自己的日记里写道,他把这个系统应用于很多地方,包括记住 π 直到第71位小数,以及100以下的所有素数的对数关键字。他还曾计划出一本名为《闪电般的对数:一个数学怪物》(*Logarithms by Lightning: a Mathematical Curiosity*)的书。

埃里冈数字字母表的现代版,就是所有讲英语的记忆学专家现在用的那种,画在下面的表11.1里。要让这个系统真正起作用,就要把表牢牢地记

表11.1 用辅音代替数字的"数字字母表"

数	辅音	记忆辅助	
1	**T, D**	**T**向下有一笔	**t**
2	**N**	**N**向下有两笔	**n**
3	**M**	**M**向下有三笔	**m**
4	**R**	**R**是四(four)的第四个字母	**FOUR**
5	**L**	**L**是罗马数字里的50	**50**

---

① 莱布尼茨(Gottfried Wilhelm von Leibniz, 1646—1716),德国数学家、哲学家,微积分、数理逻辑的先驱。——译者注

② 刘易斯·卡罗尔(Lewis Carroll, 1832—1898),本名查尔斯·道奇森(Charles Dodgson),英国数学家、作家,《爱丽丝漫游奇境记》等作品的作者。主要成就在哲学和数学领域。——译者注

③ 格雷(Richard Grey, 1694—1771),英国数学家,创造了用单词来帮助记忆数字的人工语言,辅音和元音并用。——译者注

（续表）

数	辅音	记忆辅助	
6	**J, 软音 G, SH, CH**	**J**翻转过来像6	**J 6**
7	**K, 硬音 G, 硬音 C**	**K**可以用两个7写成	7K
8	**F, V, PH**（类似于在 Photo 中的读音）	**F**的手写体小写有两个圆圈，像数字8	f8
9	**P, B**	**P**翻转过来像9	**P 9**
0	**Z, S, 软音 C**	**Z**是零(zero)的首字母	**ZERO**

在心里。表的右边一列是记忆这张表的提示。读者会注意到,表中只用了辅音,而且当有两个或两个以上辅音代替同一个数字时,它们的读音相似。有3个辅音——W,H,Y(可拼成"why"(为什么))——不在表格中出现。

假设我们要用这个系统记住汞的沸点是357摄氏度。我们的第一步是找到一个单词,其中的辅音按顺序可被转译为357。这样的单词很容易想到——MiLK(奶)。下一步就是通过鲜明的记忆图像把这个词与mercury(汞)联系在一起。有一个方法是想象Mercury(墨丘利神,众神的信使)手里提着一罐奶在空中腾云驾雾。你的记忆图像越荒谬,在脑海里就越容易记住。当我们想要回忆起汞的沸点时,只要沿着这个联想的思路,就可以从元素到希腊神到奶再到357。看起来这好像是用绕弯子的方法来记数,但目前还没有发现比这更好的人工系统。这个链条间的连接在脑海里保持稳固的程度非常令人吃惊。

再来看一些例子。化学元素铟(indium)的原子序数是49,我们可以通过联系India(印度)与RuPee(卢比)轻易地记住这个数。镎(neptunium)的原子序数是93,我们可以想象Neptune(海神尼普顿)在抽oPiuM(鸦片)。钽

(tantalum)的原子序数是 73,我们可以想象 Tantalus(坦塔罗斯)[①]用一团(chewing)GuM(口香糖)堵塞自己 tantalizing(可望而不可即的)杯子上的一个漏洞。铂(platinum)的原子序数是 78,你可以想象自己在把玩一对铂制的 CuFF links(链扣)。双字母(如 cuff 中的 f)要看作一个字母。数字字母表是严格地表示发音的。不发音的辅音及 W,H,Y 都不算在内。

下面的表 11.2 显示该系统如何被用来把 2,3,5,6,7,8,10 的平方根记到三位小数。(当然,8 的平方根是 2 的平方根的 2 倍。同样,12 的平方根可以

表 11.2 用数字字母表记忆平方根的方法

数	平 方 根	记 忆 钥 匙
2	1.414	**RAT RACE**(老鼠赛跑)。联想到 2 只老鼠在赛跑
3	1.732	**KIMONO**(和服)。由 3 可以想到三角形。联想装点着三角形图案的和服
5	2.236	**ENMESH**(缠住)。由 5 可以想到五边形。联想五边形无奈地被红色带子缠绕着
6	2.449	**RARE BEE**(少见的蜜蜂)。由 6 可以想到六边形。联想蜂箱上的六边形蜂房。蜂房上有一只双头蜂在爬
7	2.645	**SHEER LINEN**(纯亚麻)。由 7 可以想到 7 条面纱在飘飞。联想面纱是纯亚麻做的
8	2.828	**FUNNY FACE**(滑稽的面孔)。8(eight)的发音同 ate,表示"吃"。联想咬一口东西并做了个怪脸
10	3.162	**TOUCH NOSE**(摸鼻子)。由 10 可以想到 10 根手指。联想用 10 根手指一起摸自己的鼻子

[①] 希腊神话中宙斯之子,因泄露天机被罚永世站在上有果树的水中,想喝水时水位下降,想吃果子时树枝升高,永远够不着。——译者注

用3的平方根乘以2来算出。)只考虑每个单词或短语的前三个辅音。它们代表相应平方根的三位小数。(小数点前的那个数不用考虑,因为它显而易见。)这里选的单词可以用很多其他单词来代替。实际上,通常最好的办法是自己想出一些关键词和心理联想,这比采用别人的要好。自己发明的东西更接近你自己的经历,因此更容易回想起来。

要想记住更大的数,可以把数字分成两个一组或三个一组,给每组数字设计一个合适的单词,并把这些单词用记忆图像串联起来。比如电话号码,可以通过把这个人或公司的形象与要发生的交易连起来,然后与代表该电话号码中数字的两个单词联系起来,形成一条图像链,深深地印在脑海里。

正是借助于记忆图像链,职业的记忆专家才能在听到大声念给他们的冗长杂乱的数字后立即把它们复述出来。这个貌似令人难以置信的绝技,实际上并不复杂,任何人只要用心几个星期时间,每天练习掌握数字字母表,就能驾驭它。作为第一步,可以尝试记住美元钞票上的8位数字,每次取两个数字,想出一些单词,使每个单词的前两个辅音与一对数字相对应。例如,如果数字是41-09-15-85的话,这些数对可以转译成4个单词:ReD(红)、ZeBra(斑马)、TeLescope(望远镜)、FLower(花)。先想象一匹**红色斑马**。它把一只**望远镜**举到眼前。望远镜瞄准的是远处的**花**。

在选词时,能让你产生生动图画的名词当然很可取,但形容词常常能更方便地与后面的名词搭配,如**红色斑马**。在大多数情况下,你脑海里出现的第一个单词总是最好的,每个单词都应该与接下来要连接的单词之间产生你能想象出的最荒谬的联系。经过练习,你能够更快地想出合适的词汇,并能很快做到在别人缓慢地给你读出数字的同时形成你的记忆图像。

记忆专家构建心理联想链的速度快极了,因为每一组数字会让他们从以前的记忆清单中立即获取能产生图画的单词。于是他们在探索合适的词汇上不需要花费一丁点时间。有些专家用提前记好的词汇表来对付三位一组的数群。弗斯特（Bruno Furst）在帮助他的纽约记忆学校的学生训练时，给他们提供了印刷的数字词典，上面列出了从1到1000的每个数可用的各种单词。不过，除非你要把这个艺术推向令人叫绝的地步，否则这种词汇表没有什么必要。当别人给你慢慢地读出数字时，你按这个方法做，总能设计出合适的词汇，而且你会发现，按此方法记住一连串50个随机数字一点也不难。幸运的是，临时想象出的一长串记忆图像不会在头脑中保存很久，所以如果你在约一天以后再次表演这个绝技，不会把新想出的关键词与以前表演过的关键词弄混淆。

补　　遗

我在前面曾经要求读者造出有意思的英语句子来，把超越数e记到至少五位小数。很多人写信回复，其中以下几个句子我觉得特别值得注意：

To express *e*, remember to memorize a sentence to simplify this.

要表示e，就别忘了记住一个句子来简化它。
（加利福尼亚州贝弗利希尔斯市的格林（John L. Greene））

To disrupt a playroom is commonly a practice of children.

把游戏室搞乱,是孩子们常干的事。(纽约州鲍德温斯维尔市的吉特拉斯(Joseph J. Guiteras))

By omnibus I traveled to Brooklyn.

我乘公共汽车到过布鲁克林。(纽约州纽约市的马热(David Mage))

It enables a numskull to memorize a quantity of numerals.

这能够让一个大笨蛋记住大量的数字。(加利福尼亚州伯班克市的维德霍夫(Gene Widhoff))

《插图大百科全书》(*Enciclopedia universal ilustrada*)[①]里有一篇文章,题为"记忆术"(*Mnemotecnia*),文中给超越数e写了这么一句西班牙语:*Te ayudaré a recordar la cantidad a indoctos si reléesme bien*(如果你读得对,它可以帮你记住那个不是用文字写成的小数)。给超越数e写的几则意大利语诗文可在盖尔西(Italo Ghersi)的《奇妙又有趣的数学》(*Matematica Dilettevole e Curiosa*)[②]第755页找到。

---

① 全名是《欧美插图大百科全书》(*Enciclopedia universal ilustrada europeo-americana*),1905—1933年间出版于西班牙马德里,共70卷,并有若干卷补编,资料特别丰富。国内暂无。——译者注

② 该书1913年在意大利米兰出版,1988年已出第五版。国内暂无。——译者注

第 *12* 章
又是九个问题

1. 互相接触的香烟

4个高尔夫球可以摆放成让每个球都接触到其他3个球的格局。5枚五角硬币可以摆放成让每枚硬币都接触到其他4枚硬币(见图12.1)。

那么有没有可能把6支香烟摆放成让每支香烟都接触到其他5支香烟呢?香烟不能弯折或撕开。

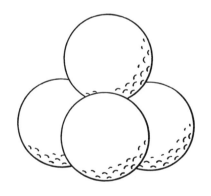

图12.1

2. 两 艘 渡 轮

两艘渡轮从河两岸同时出发垂直向对岸驶去。每艘渡轮的航速不变,但一艘快,一艘慢。它们在离最近的岸边720码处相会。两艘船到达对岸后都停留了 10 分钟,然后返航。在回程中,它们在离另一侧岸边 400 码处相会。

河有多宽?

3. 猜 对 角 线

一个矩形内接于四分之一圆,如图 12.2 所示。按照给出的单位长度,你能准确算出对角线 AC 的长度吗?

时间限制:一分钟!

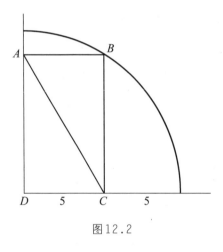

图 12.2

4. 能干的电工

一位能干的电工遇到了这个十分恼人的难题。在一座三层楼房的地下室,他发现墙上的一个孔里裸露着一束有 11 根电线的一模一样的电线头。在顶楼墙上的一个孔里裸露着这束电线的另外 11 个电线头,但他不知道上面的哪个电线头与下面的哪个电线头属于同一根线。他的问题是:把这些线头配对。

为完成这个任务,他可以做两件事:(1)随意地把线头拧在一起,让它

136

们短路;(2)通过由电池和铃铛组成的"连续性测试仪"测出闭合电路。当仪器接在一个连续回路的两端时,铃声会响起。

电工不想在楼上楼下来回折腾把自己搞得精疲力竭,而且他对这项操作的研究有强烈兴趣,于是就坐在顶层的地板上拿出铅笔和纸张涂画,并很快设计出了标记线头的最有效办法。

他用的是什么办法?

5. 穿 过 网 格

很多小学生都熟悉的最古老的拓扑趣题之一,是要求画一条连续的线,穿过图12.3所示的封闭网格里的16条线段,且线从每条线段上只能经过一次。这里画的那条曲线并未解决这个问题,因为有一个地方没有穿过。解这个题不许"耍花招",如从一条线段的顶点穿过,或沿着某条线段画,或把纸折叠起来等等。

要证明这个趣题在平面上解决不了,一点也不难。现有两个问题:它在球面上能不能解决?它在环面(炸面饼圈的表面)上能不能解决?

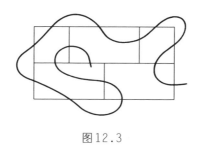

图12.3

6. 12根火柴棒

将1根火柴棒的长看作单位长度,可以把12根火柴棒以各种方式摆放在平面上构成一个个整数面积的多边形。图12.4里有两个这种多边形:9个

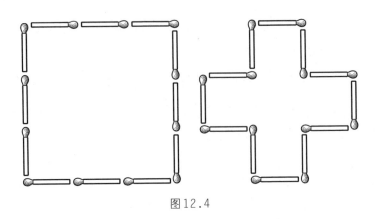

图12.4

平方单位面积的正方形和5个平方单位面积的十字形。

问题:用全部12根火柴棒(用到每一根火柴棒的全长)以类似方式组成一个面积正好为4个平方单位的多边形的边缘。

7. 球体上的洞

这个不可思议的问题(因为似乎缺乏足够的数据来解决它)发表在最近一期的格雷厄姆通讯公司的出版物《格雷厄姆拨号盘》(*The Graham Dial*)上。在一个实心球体上钻了个直通中心的6英寸长的圆柱形孔洞。球体剩余部分的体积是多少?

8. 多情的虫子

4只虫子A, B, C, D占住了边长为10英寸的一个正方形的4个角(如图12.5)。A和C是雄性,B和D是雌性。A始终朝着B爬,B始终朝着C爬,C始终朝着D爬,D始终朝着A爬,同时行进着。如果4只虫子都以不变的相同速率爬行,它们就能描绘出4条全等的在正方形中心交汇的对数螺线。

它们相会前每只虫子走了多远?解决该题可以不使用微积分。

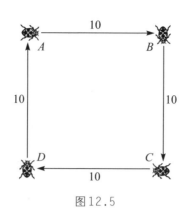

图12.5

9. 有多少孩子

"我听到小家伙们在后院里玩，"数学专业研究生琼斯说，"他们都是您家的孩子吗?"

"天哪!不是的，"著名数论专家史密斯教授惊叫道，"我的孩子在和3家邻居的孩子玩，只不过我们家的最多而已。布朗家孩子少些，格林家更少，布莱克家的孩子最少。"

"总共有多少孩子呢?"琼斯问道。

"我这么说吧，"史密斯说道。"孩子不超过18个，且4家的孩子数的乘积刚好是我家的门牌号，你刚才进来时看到了。"

琼斯从口袋里拿出笔记本和铅笔开始涂画。过了一会儿，他抬起头来说，"我再需要一些信息。布莱克家的孩子不只有一个吧?"

史密斯刚回答完，琼斯笑了笑就准确地说出了每个家庭的孩子数。

知道了史密斯家的门牌号和布莱克家是否不只有一个孩子后，琼斯发现这个问题太简单了。但有一个事实值得注意:每个家庭有多少孩子，只要用上面已知的信息就可以算出!

答　案

1. 摆放6支香烟有好几种不同的方法。图12.6所示的是好几种旧趣题书上给出的传统解答。

让我大吃一惊的是,大约有15位读者发现,7支香烟也可以摆放成让每支都接触到其他6支!这自然让那个古老的趣题显得过时了。图12.7的摆放办法是哈佛大学物理专业研究生雷比茨基(George Rybicki)和雷诺兹(John Reynolds)寄给我的。他们在信中写道:"这个图形画的是临界情况,即香烟的长度与直径之比是$\frac{7\sqrt{3}}{2}$。在这里,接触点刚好位于香烟的顶端处。这个方法明显适用于任何长度与直径之比大于$\frac{7\sqrt{3}}{2}$的物体。经过观察得知,实际的'正常'香烟,长度与直径之比大约是8比1,确实大于$\frac{7\sqrt{3}}{2}$,因此这个解答是正确的。"注意,如果把图中心那支指向你的(7号)香烟拿掉,剩下的6支就组成了一个完全对称的图形,可解决原来那个问题。

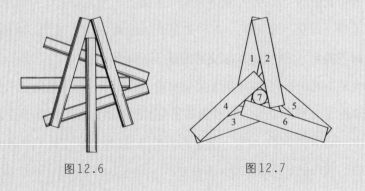

图12.6　　　　　　　　图12.7

2. 两艘渡轮第一次相会时(见图12.8上图),它们航行的距离相加等于河的宽度。它们到达对岸时,航行的距离相加等于河宽的2倍;而它们第二次相会时(见图12.8下图),总距离是河宽的3倍。既然两艘渡轮在同一段时间内的航行速度都没有变,那就是说,每艘渡轮都航行了它们第一次相会时已经航行的距离的3倍,而第一次相会时的总距离等于河的宽度。因为它们第一次相会时白色渡轮已经航行了720码,它们第二次相会时它航行的总距离肯定是3×720,或2160码。下图表示得很清楚,这个距离比河的宽度要多400码,因此我们从2160中减去400得1760码,即1英里,这就是河的宽度。两艘渡轮在码头上停留的时间与这个问题不相干。

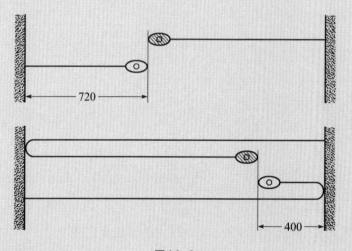

图12.8

解这个题还有其他一些方法。很多读者是这么解的。设河的宽度为x。在航程的第一段,两艘渡轮走过的距离之比是$(x-720):720$。在航程的第二段,比例是$(2x-400):(x+400)$。这些比例是相

141

等的,因此可以轻松地求出 x。(该题刊登在萨姆·劳埃德的《趣题大全》1914年版第80页上。)

3. 线段 AC 是矩形的一条对角线(见图12.9)。另一条对角线很明显是圆的半径,长10个单位。因为两对角线长度相等,所以线段 AC 是10个单位长。

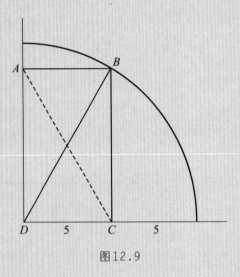

图12.9

4. 在顶层,电工把电线接成5对短路线(成对的短路线在图12.10中用虚线表示),只剩下一根分离的线。接着他走到地下室,用"连续性测试仪"找出各对短路线的另一端。他把电线头按图示做上标记,然后按虚线所示的方法把电线接成短路。

回到楼上后,他拆开短路的电线头,但仍以绝缘状态把它们拧在一起,以便能辨认出一对对的线来。然后他在剩下的那根线(他知道它是 F 的另一端)与另外的线之间做连续性测试。找到另外那根线时,他就能立即将它标为 E_2,并判断出与它同组的是 E_1。

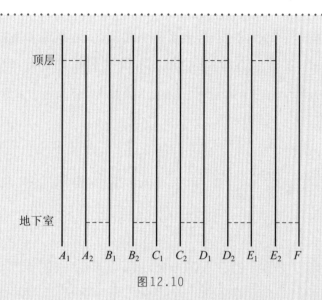

顶层

地下室

A_1 A_2 B_1 B_2 C_1 C_2 D_1 D_2 E_1 E_2 F

图12.10

接着,他在E_1与另外的线之间做连续性测试,找到后就可以将它标为D_2,与它同组的是D_1。继续使用这个办法,就能很容易地识别出其余电线头。很明显,这个程序对测试任意奇数根线都有效。

新泽西州普林斯顿市的弗莱彻(J. G. Fletcher)是最早寄来使用略加修改的上述程序来测试除2以外的任意偶数根线的人。假设在图12.10的最右边有第12根线。在顶层还是把同样5对线短路,剩下两根分离的线。在地下室里,短路接线的方法同前面一样,并把第12根线标记为G。回到顶层,可以很容易地确定在那两根分离的线中唯一没有连续回路的是G。其余的11根线可以按前面解释过的方法标记出来。

此外,还有个效率更高的程序,可以用于除2根线(2根线无法解决)以外的所有情况。这是底特律的比尔(D. N. Buell)、南非德班的埃尔斯顿–迪尤(R. Elsdon-Dew)、威斯康辛大学物理专业的学生卡茨(Louis Katz)和雷兹曼(Fremont Reizman)、新泽西州登维尔市的甘尼特(Danforth K. Gannett)寄来的解答。甘尼特先生用15根线的示意图清楚地做了解释,见图12.11。标记的办法如下:

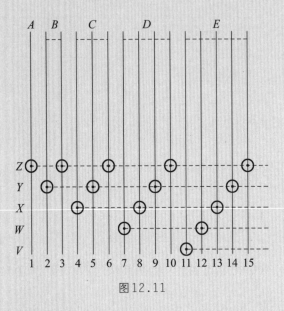

图12.11

① 在顶层:把电线接成每组有1根、2根、3根、4根……短路,把这些组标记为A,B,C,D,…,最后一组线不完整也没关系。

② 在地下室:用连续性测试识别出各组电线。给电线头标上数字,并把它们按Z,Y,X,W,V,…分组接成短路。

③ 在顶层:拆开短路的电线头。这时用连续性测试可以准确地识别出所有的线来。A肯定是1号线。3号线是B组里唯一与1号线相连的那根,与它同组的是2号线。在C组里,只有6号线与1号线相连,也只有5号线与2号线相连。C组里余下的那根就是4号线了。其他各组也照此类推。

这个图的右边想延多长就可以延多长。要得到确定 n 根线的程序，只要把图中第 n 根线以外的部分覆盖住就可以了。

5. 一条连续的线从一个矩形空间里一进一出，必然会穿过2条线段。由于图12.12中标记为 A, B, C 的空间每一个都被奇数条线段包围，那就是说，如果必须穿过网格上的所有线段，那么每一个空间里必须有一个线的端点。但是一条连续的线只有两个端点，因此，这个趣题在平面上解决不了。如果这个网格画在球面上或画在环面的侧面上（左下示意图），还是这个道理。不过，这个网格能够以一种方式画在环面上（右下示意图），使环面的孔置于 A，B, C 三个空间的其中一个**里面**。这么做的话，趣题就很容易解出来。

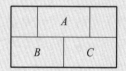

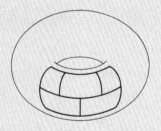

图12.12

6. 12根火柴棒可以用来组成边长为 3, 4, 5 个单位的直角三角形，如图12.13左所示。该三角形的面积是6个平方单位。通过改变3根火柴棒的位置（如右图所示），我们就去掉了2个平方单位，

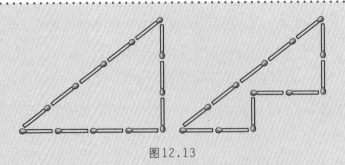

图12.13

留下一个只有4个平方单位的多边形。

　　这个解法在很多趣题书中可以找到。另外还有上百种其他的解法。宾夕法尼亚州奥克蒙特市的帕尔默(Elton M. Palmer)把这个问题与下一章的多联骨牌联系在一起,指出5种四联骨牌(4个相连的正方形组成的图形)中,每一种都能变化出大量的解法。我们只需加上再减去同样大小的三角形面积,就可以用到所有12根火柴棒。图12.14描绘了一些典型示例,每一行都以一种不同的四联骨牌为基础。

　　通用动力公司的在职科学家皮策(Eugene J. Putzer)、纽约州奥斯威戈市的夏皮罗(Charles Shapiro)、田纳西州橡树岭的梅茨(Hugh J. Metz)提出了图12.15所示的星形解法。通过调整星角的宽度,你可以用12根火柴棒摆放出面积为0到11.196个平方单位的任何图形。11.196是正十二边形的面积,也是用12根火柴棒能摆放出的最大面积。

　　7. 不需要使用微积分就可以解答这个问题。设 R 为球体的半径。如图12.16所示,圆柱形的孔洞半径为 $\sqrt{R^2-9}$,圆柱体两端球冠的高度是 $R-3$。为了确定去掉圆柱体和球冠后的剩余部分,我们

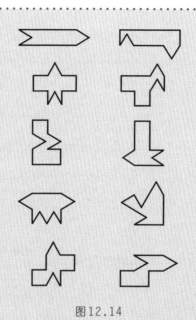

图12.14

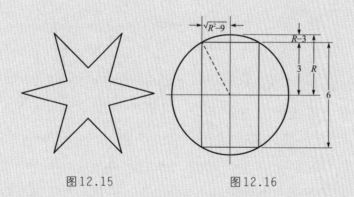

图12.15　　　　　　　图12.16

把圆柱体的体积$6\pi(R^2-9)$加上两个球冠的体积,然后把总数从球体体积$\dfrac{4\pi R^3}{3}$中减去。球冠的体积可以用下列公式算出:

$\dfrac{\pi A(3r^2+A^2)}{6}$,其中$A$代表高度,$r$代表半径。

经过计算,除了36π(剩余部分体积的立方英寸数)外,其余项都抵消了。换句话说,不论孔洞的直径是多少、球体有多大,剩余部分的体积是不变的常数。

关于这个精巧的问题,我找到的最早的参考资料刊登在琼斯(Samuel I. Jones)的《数学难题》(*Mathematical Nuts*)1932年版第86页上。该题的平面模拟刊登在同一本书的第93页上。已知在任何尺寸的圆形轨道上可以画出的最长线段(见图12.17),则该轨道的面积总是与以该线段为直径的圆面积相等。

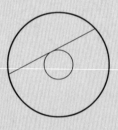

图12.17

《惊骇科幻小说》(*Astounding Science Fiction*)的编辑小坎贝尔(John W. Campbell, Jr.)和其他几位读者都采用以下的灵巧推理方法很快解决了球体问题:如果不存在独特的解法,就不会给出这个问题。如果存在一个独特的解法,则该体积必定是个常数,即使把孔洞半径减小到零,这个常数也不会变。因此,剩余部分的体积必定与直径为6英寸的球体体积(即36π)相等。

8. 在任何一刻,4只虫子构成了正方形的4个角,随着虫子越走越近,正方形一边收缩一边旋转。因此,每个追逐者的轨迹在每一时刻都与被追逐者的轨迹垂直。这就告诉我们,比如说 *A* 追 *B*

时,B 的运动中不存在靠近或远离 A 的分量。其必然结果是,A 追到 B 的时间与 B 在原地静止不动时被追到的时间相同。每条螺线的长度与正方形的边长相等:10 英寸。

如果 3 只虫子从等边三角形的角上出发,每只虫子的运动就会有一个相当于速度的 $\frac{1}{2}$(60 度角的余弦是 $\frac{1}{2}$)的分量靠近被追逐者。因此,2 只虫子相互接近的速度是爬行速度的 $\frac{3}{2}$。3 只虫子在三角形中心相遇的时间等于三角形边长的 2 倍除以速度的 3 倍,每只虫子走过的路径是三角形边长的 $\frac{2}{3}$。

9. 琼斯开始解教授的问题时,他知道 4 个家庭的孩子数各不相同,且总数不大于 18。他还知道 4 个数之积是教授家的门牌号。因此,他要做的第一步显然是把门牌号因数分解成 4 个相加后小于 18 的不同的数。如果只有一个解答,那他就会立即得出答案。由于不提供更多的信息就无法解题,我们可以推论,符合要求的把门牌号因数分解的方法不止一种。

下一步是把 4 个不同的相加后小于 18 的数的所有组合写出来,并算出各组数的乘积。我们发现有很多时候不止一种组合可以得出同样的积,我们怎么确定哪个积是门牌号呢?

其实线索是有的。琼斯问过孩子最少的那家是否不只一个孩子。只有当门牌号是 120 的时候这个问题才有意义,因为 120 可以因数分解成 1×3×5×8,1×4×5×6,或 2×3×4×5。如果史密斯回答"不对",那这个问题仍然解答不了。既然琼斯确实解决了这个问题,那我们就知道史密斯的回答是肯定的。因此几家人的孩子数是2,3,4,5。

　　这个问题最初是福特(Lester R. Ford)提出的,发表在《美国数学月刊》1948年3月号上,是问题E776。

第 13 章
多联骨牌

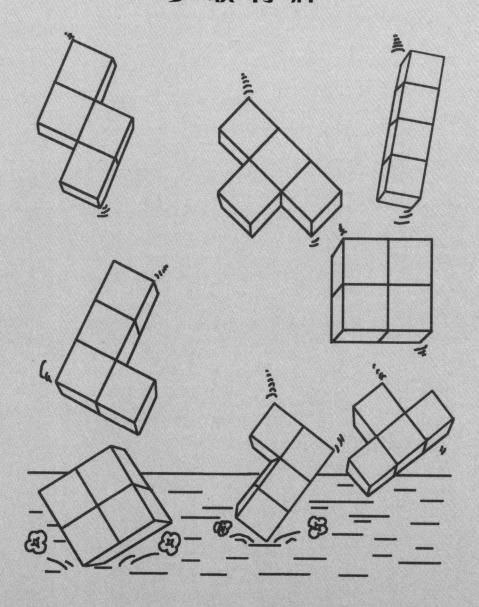

多联骨牌"(polyomino)这一术语是在加州理工学院喷气推进实验室做研究工作的资深数学家戈隆布(Solomon W. Golomb)最早使用的。在他的"棋盘与多联骨牌"(Checker Boards and Polyominoes, 1954年发表在《美国数学月刊》上,当时戈隆布才22岁,是哈佛大学的研究生)一文中,他把多联骨牌定义为"简单连接着的"一组正方形。这意思相当于一组沿着边相连的正方形。戈隆布补充道,象棋选手可能会说,这是"以车的走法进行的连接"。因为棋盘上的车可以在有限的次数内从任何一个方格走到另一个方格。图13.1所示的是1个单骨牌和所有由2,3,4个相连正方形拼接成的各种不同的多联骨牌。

二联骨牌只有1种形式,三联骨牌有2种,四联骨牌则有5种。到五联骨牌(含5个正方形)时,就跳跃到有12种。这些都展示在图13.2里了。"翻过来"后呈现出不同形状的不对称的块,被算作一个种类。在本章出现的所有多联骨牌游戏中,不对称的块允许以任意一种镜像形式放置。

任意阶数的不同多联骨牌的种数,很明显是各自所含正方形数的函数,但至今还没有人成功地找到表示 n 联骨牌种数的公式。要想算出较高阶数的多联骨牌种数,就不得不求助于既笨拙又耗时的程序。有35种不同的六联骨牌和108种七联骨牌。后面那个数字里包括一个有争议的七联骨牌,

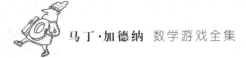

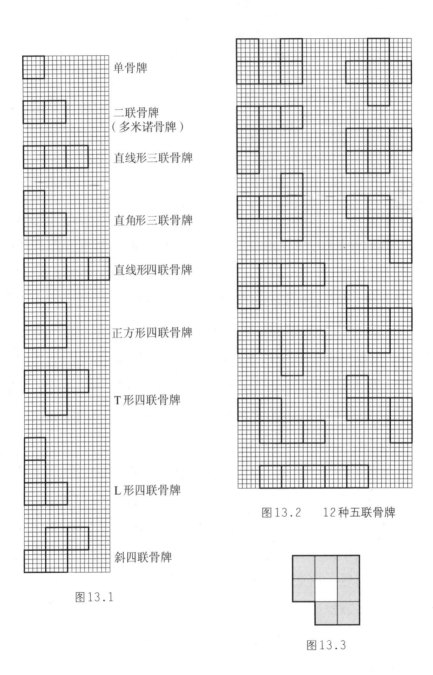

单骨牌

二联骨牌
（多米诺骨牌）

直线形三联骨牌

直角形三联骨牌

直线形四联骨牌

正方形四联骨牌

T形四联骨牌

L形四联骨牌

斜四联骨牌

图13.1

图13.2　12种五联骨牌

图13.3

154

见图 13.3。在大多数多联骨牌拼板游戏中,最好去掉这种有"内洞"的类型(八联骨牌中有 6 个这种形状)。

在第 3 章(第三个问题)中,我们研究了一个多联骨牌拼板问题,在残缺的棋盘格子里放多米诺骨牌。戈隆布的文章讨论了多种涉及更高阶数的多联骨牌的类似问题。很明显,不可能用三联骨牌覆盖住 8 × 8 的棋盘(因为 64 个方格不能被平分为 3 个一组),不过,它能不能用 21 个直线形三联骨牌加 1 个单骨牌覆盖住呢?通过用精巧的三色方案把方格涂色,戈隆布证明这是可以办到的,但只有把单骨牌放置在图 13.4 所示的 4 个暗色方格处才行。另一方面,一个巧妙的归纳论证表明,不论单骨牌放在哪里,用 21 个直角形三联骨牌和 1 个单骨牌,便能把 8×8 的棋盘覆盖住。也可以用 16 个四联骨牌把 8×8 的棋盘覆盖住,只要所有骨牌都是同一种形状,但是那个斜四联骨牌除外,它连棋盘的任何一条边都不能盖住。一种条纹状的涂色方法可以证明,用 15 个 L 形四联骨牌和 1 个正方形四联骨牌不可能覆盖住棋盘;另一种锯齿状的涂色方法可以证明,用 1 个正方形四联骨牌加直线形和斜四联骨牌的任何组合,都不可能覆盖住棋盘。

再来看图 13.2 的五联骨牌时,一个问题自然产生了:这 12 种形状,连

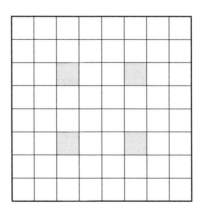

图13.4

同一个正方形四联骨牌,能不能拼成一个8×8的棋盘呢?最早出版的有关这一问题的解决方案出现在亨利·杜德尼[1]1907年版的《坎特伯雷趣题》(*The Canterbury Puzzles*)里。在杜德尼的解答里,正方形四联骨牌处于靠边的一个位置上。大约20年前,英国一家叫做《奇异国际象棋评论》(*The Fairy Chess Review*,奇异国际象棋是指不按传统的规则、棋盘或棋子来玩的国际象棋)的冷僻出版物的读者们开始尝试以不同的五联骨牌和四联骨牌图案来解决杜德尼的问题。最有趣的结果汇总在该杂志1954年12月号上。下面要讲的大部分内容都是从这一期杂志上选取的,也参考了戈隆布的一篇同时独立地发现了这些原理但并未发表的文章。

《奇异国际象棋评论》的创办人道森(T. R. Dawson)第一个设计出了一种令人欣喜的简单方法,证明了把正方形四联骨牌放在棋盘上的任何位置都能解决杜德尼的问题。他的由3部分组成的解答见图13.5。正方形四联骨牌与L形五联骨牌结合起来就成了一个3×3的正方形。通过旋转这个大正方形,正方形四联骨牌能在3个组合中的每一个里转到4个不同位置。因为整个棋盘也可以旋转和镜射,很容易便能看出,正方形四联骨牌可以处在棋盘上任何需要的位置。

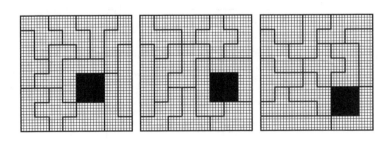

图13.5 道森的证明

---

[1] 亨利·杜德尼(Henry Dudeney),英国最负盛名的趣题设计家。参见本系列《迷宫与黄金分割》第3章。——译者注

没人知道这个问题到底共有多少种不同的解法,不过保守的猜测是超过10 000个。1958年,斯科特(Dana S. Scott,当时为普林斯顿大学数学专业研究生)受聘为海军研究办公室的信息系统部工作,他利用MANIAC数字计算机找出了所有正方形四联骨牌位于中心的可能解法。在大约三个半小时里,计算机总共找出了65种不同解答,不计旋转和镜射得出的附加解答。

在给计算机编写程序时,把解答划分成三个类别就比较方便,每个类别以十字形五联骨牌与棋盘中心那块正方形四联骨牌的相对位置来确定。图13.6显示了每个类别中的一个解答。计算机在第一个类别里发现了20种解答,在第二个类别里发现了19种,在第三个类别里发现了26种。

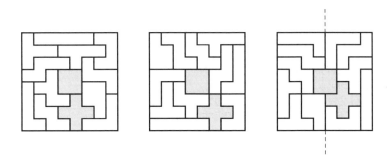

图13.6

仔细检查这65种解答,就会发现很多有趣的事实。直线形五联骨牌的长边如果不与棋盘的一边齐平,就不可能有任何一种解答。(如果正方形四联骨牌不在棋盘中心而在其他位置,这一条就不成立。)7种解答(均出现在第一和第三个类别里)里不出现"十字路口",也就是说,没有4块骨牌的角相遇在同一点。图13.6中的第一个解答就属于这个类型。从艺术的角度看,有些多联骨牌专家认为出现十字路口是设计上的缺陷。图13.6中的第三个解答显示出另一个有趣的特征:该图形可以沿一条直线对半折叠。这一类型里有12种图案,都出现在第三个类别里,而且都出现十字路口。

如果把正方形四联骨牌拿掉,并让4个分离的单元方格空着,仍然能用很多艺术的方式组成8×8的棋盘。图13.7所示的是3个这种图案。还可以把12种五联骨牌放入6×10,5×12,4×15和3×20的矩形里(见图13.8)。3×20的矩形是最难拼的一种,留给感兴趣的读者去建构。不计旋转和镜射的话,只

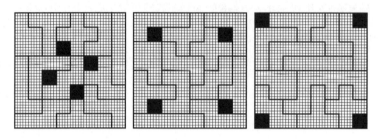

图13.7

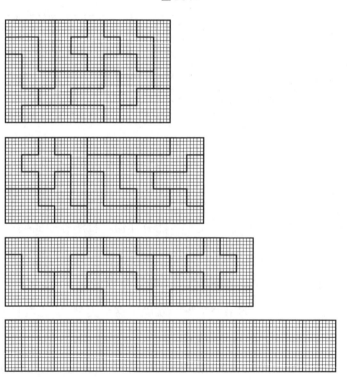

图13.8　五联骨牌拼成的矩形

有两种不同的解答。

注意到图13.8中那个5×12的矩形解答里含有一个5×7的矩形和一个5×5的矩形。好几个读者发现图13.9中那两个5×6的矩形可以合在一起拼成5×12或6×10的矩形。

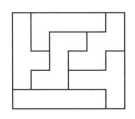 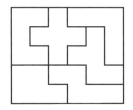

图13.9

加州大学数学教授鲁宾逊(Raphael M. Robinson)最近提出了他所谓的"三倍问题"。你选1种五联骨牌,然后用剩余五联骨牌中的9种组成一个与选定的那个形状相同但比例更大的模型。该模型的高度和宽度将会是那个小块的3倍。田纳西州克拉克斯维尔市的三一圣公会教长塔克(Joseph B. Tucker)在阅读了有关五联骨牌的这部分讨论后,也想到了这个三倍问题。他寄来了很多绝妙的解答,其中包括图13.10中的这两个。该三倍问题对这12种形状里的每一种来说都是可以解决的。

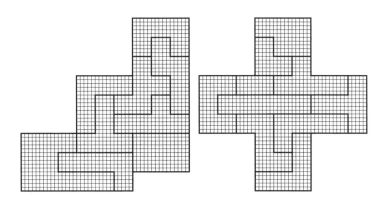

图13.10　　三倍问题图案

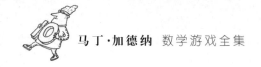

其他读者还提出了一些有点类似的问题。加利福尼亚州圣马力诺市的布吕格曼(Harry Brueggemann)提出了他所谓的"两倍两倍问题"。先用2种五联骨牌拼成任意形状。把另外2种五联骨牌也拼成这个形状。最后,用剩余的8种组成形状相同但尺寸加倍的图形。图13.11显示了一个典型的解答。新泽西州西奥兰治市的斯莱特(Paul J. Slate)提出,用所有的12种五联骨牌组成一个5×13的矩形,并留出某一种五联骨牌形状的空洞。每种五联骨牌形状的空洞都可以得到解答。其中一个解答画在图13.12里。

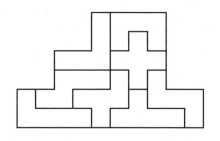

图13.11　两倍两倍问题图案

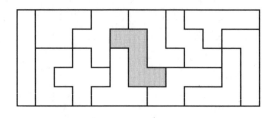

图13.12

另一个很有趣的五联骨牌问题是本杰明(H. D. Benjamin)在《奇异国际象棋评论》上提出的,见图13.13。12种五联骨牌(贴纸)可以正好覆盖一个每边长为 $\sqrt{10}$ 个单位的立方体。该立方体是通过沿图中的虚线折叠得到的。

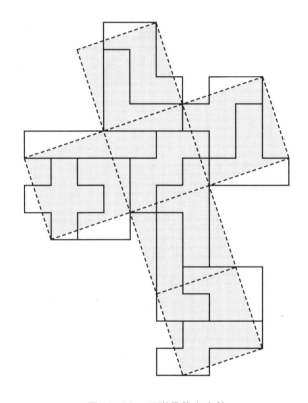

图13.13　五联骨牌立方体

把一些五联骨牌放置在棋盘上,使剩余的任何一种五联骨牌都无法再放上去,要达到这种效果,最少需要多少块五联骨牌呢?这个迷人的问题是戈隆布提出的。他说,答案是5。图13.14表示的是其中一种组合。这个问题对戈隆布来说是个迷人的、很有竞争味道的游戏,可以用大张硬纸板剪成的、适合棋盘方格大小的五联骨牌在棋盘上玩。(请读者自己做一套吧,不仅是为了玩这个游戏,而且还可以解决各种五联骨牌问题,并创造出一些

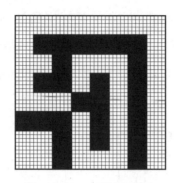

图 13.14　五联骨牌游戏

新的游戏。)

两个或两个以上的人轮流各选一种五联骨牌,放在棋盘上任何想要放的位置。五联骨牌不分"顶面"或"底面"。如本文提到的所有问题一样,不对称的五联骨牌任一面朝上都可以。第一个不能把骨牌放上去的人算输。

戈隆布写道:"这个游戏可以持续至少5步,至多12步,永远不会出现平局,比象棋有更多的开局方式,而且能让所有年龄段的人着迷。很难提出该使用什么策略,但有以下两条宝贵原则:

1. 走棋时,设法给偶数种五联骨牌留出余地。(这只对两人玩时有用。)

2. 如果你无法分析出形势,那就设法把局面搞得复杂些。这样的话,走下一步的人分析起来会比你困难更大。

因为35种六联骨牌的总面积等于210个正方形,所以有人会立即想到用它们组成一个矩形,可以是3×70的,5×42的,6×35的,7×30的,10×21的,或14×15的。我曾认真考虑过开价1000美元奖赏最先成功组合出这6种矩形之一的读者,但考虑到迎战这个问题所浪费的时间会大得惊人,我被迫放弃了这个打算。所有这种努力都注定要失败。戈隆布对这个问题的证明,是运用组合几何学的两个强大工具的突出实例。这是数学中人们所知甚少的一个分支,虽然它在工程设计上有许多实际应用,能把标准件以最有效

162

的方式组合起来。这两个工具是：（1）使用对比色来帮助人的数学直觉；（2）基于奇数和偶数的组合特性的"奇偶校验"原则。

我们可以这样来证明。先把我们要拼的矩形上的方格涂上像棋盘一样的黑白交替的颜色。在每一种情况下，矩形都明显地包含105个黑色方格和105个白色方格——每种颜色都有奇数个。

然后看那35种六联骨牌，我们发现其中24种总是覆盖3个黑色方格和3个白色方格——每种颜色都是奇数个。这些"奇数型"六联骨牌有偶数种，由于偶数乘以奇数还是偶数，我们知道所有这24种六联骨牌会覆盖每种颜色的偶数个方格。

剩余的11种六联骨牌都属于另一种形状，每个都覆盖一种颜色的4个方格和另一种颜色的2个方格——每种颜色都是偶数个。这些"偶数型"六联骨牌有奇数种，但同前面一样，由于偶数乘以奇数还是偶数，我们知道这11种六联骨牌也会覆盖每种颜色的偶数个方格。（图13.15和图13.16把这35种六联骨牌分成了"奇数型"和"偶数型"。）最后，由于偶数加上偶数还是偶数，我们得出结论：35种六联骨牌放在一起会覆盖偶数个黑色方格和偶数个白色方格。不幸的是，每种矩形里每种颜色都有105个方格，是奇数。因此，没有一个矩形可以用35种六联骨牌覆盖住。

"从这些问题里，我们学到了貌似有理的推理带给我们的启示，"戈隆布最后说道。"定下基本数据后，我们费时费力把它们拼成一个图案。拼成后，我们相信这图案才是唯一'符合实际'的东西；事实上，那些数据仅仅是美丽的综合整体的外在表现形式而已。这种推理已在宗教、政治、甚至科学领域被再三使用。六联骨牌的例子说明，相同的'数据'可以得出很多不同的图案，所有图案同样符合要求，而我们最终得出的图案，其本质更多地取决于我们要找的那种形状，而不是我们掌握的数据。对特定的某些数据来

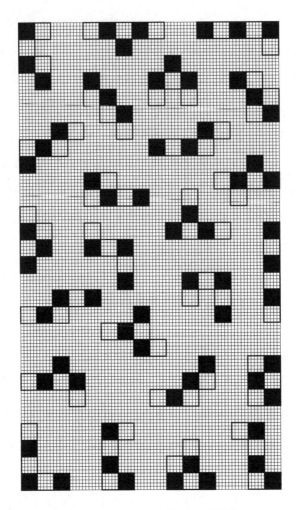

图13.15　24种"奇数型"六联骨牌

说(如上面讲过的六联骨牌问题),我们要找的符合条件类型的图案也可能实际上并不存在。"

164

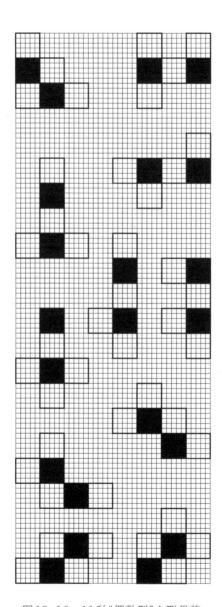

图13.16　11种"偶数型"六联骨牌

补 遗

对想尝试用六联骨牌拼图案的读者,我在这里补充两个从《奇异国际象棋评论》上复制下来的引人注目的设计图(见图13.17和图13.18),每一个都是用整套35种六联骨牌拼成的。除非像棋盘一样着色时显示出一种颜色的方格比另一种多出2,6,10,14,18或22个,否则使用全套六联骨牌拼不出这种图案。

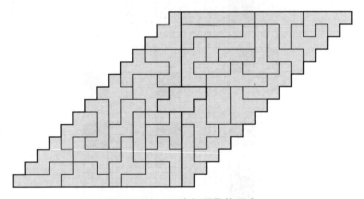

图13.17 一种六联骨牌图案

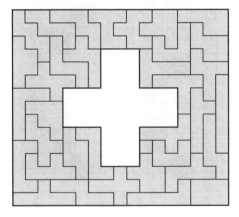

图13.18 另一种六联骨牌设计图

1957年纽约百老汇大街233号的特里纳公司(Tryne Products, Inc)销售过一种盒装的彩色塑料五联骨牌,商品名称是Hexed。

第 *14* 章
谬　误

数学悖论可以被定义为非常令人吃惊的数学真理，甚至在每一步证明得到验证后仍然令人难以置信。数学谬误也同样是令人吃惊的论断，但与数学悖论不同的是，其证明过程含有微妙的错误。数学的每一个分支，从简单算术到现代拓扑集合论，都有这种伪论存在。质量较高的当然要数那些既有最不可思议的结论，又把错误掩饰得极为巧妙的论断了。欧几里得[①]写了一整本书谈几何谬误，但他的手稿没有流传下来，因此这本失传了的趣味数学经典著作里究竟谈了些什么，我们只能靠推测了。

下面的7个谬误是根据种类和兴趣选出来的。我不会对它们进行解释，不过读者会发现由自己找出错误将更有意思，也更有教益。

第一个谬误是极其初等的。我们借用伟大的德国数学家希尔伯特[②]喜欢引用的一个妙趣横生的悖论的方式来介绍这个谬误。那个悖论是用来解

[①] 欧几里得（Euclid, 前330—前275），古希腊数学家，《几何原本》（*Elements*）的作者。——译者注

[②] 希尔伯特（David Hilbert, 1862—1943），德国数学家，建立了新公理体系，促进了数学基础的研究。他有一句名言："对物理学家来说，物理学简直是太难了。"另一句名言是："哥廷根街道上的每个孩子懂得的四维几何学都比爱因斯坦多。尽管如此，是爱因斯坦，而不是数学家，创立了相对论"。一个数学家改行写小说了，大家觉得很奇怪。希尔伯特说："这很简单！他没有足够的想象力搞数学，但有足够的想象力写小说。"——译者注

释超限数中最小的数——阿列夫零的一个奇异特性的。一家天宫旅馆有无数个房间,已住满了宾客,但经理还想再安排一位新的来客住下。他把每位房客从一个房间挪到下一个号数的房间,因此就空出了1号房间。如果无数位新客接踵而至,那经理该怎么办呢?这位胸有成竹的经理不慌不忙,只是简单地把每位房客挪到房间号是他们原先住的房间号两倍的房间里就行了。1号房间的客人搬到了2号房间,2号的客人搬到了4号,3号的搬到了6号,4号的搬到了8号,依此类推。这就把所有奇数号码的房间腾了出来,大家都能住下了。

但是,在把后来到达的宾客安排入住前,有没有必要让已经入住的房间数为无穷大呢?下面这首19世纪末英国杂志上的打油诗告诉我们,一个精明的旅馆主人是如何用9个空房间来安排10位旅客单住的。

夜黑风高,不见五指,
十位路人,腰酸腿疼。
劳累至极,可怜巴巴,
路旁客栈,上前叩门。

"九个房间,一个不多,"
店主说道,别无床位。
"八位客人,可住单间,
第九张床,两人同寐。"

七嘴八舌,嘈杂声起,
店主无奈,抓破头皮。

旅途艰辛，人人疲惫，
谁都不愿，分享床位。

聪明店主，计上心来，
愁眉舒展，茅塞顿开。
为让客人，个个满意，
锦囊妙计，皆大欢喜。

两位贵客，一号房间，
第三位客，二号歇息。
第四位客，分到三号，
第五位客，四号小憩。

第六位客，五号房间，
第七位客，藏身六号。
第八九位，七号八号，
店主转身，跑回一号。

此间房内，两位旅客，
其中一个，是第十位。
店主殷勤，能说会道，
我领老哥，去住九号。

店主巧妙，如此安排，

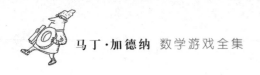

　　单床单铺,尽皆开怀。

　　九房十客,怪异至极,

　　云里雾里,圣人难析。

　　更微妙一些的谬误是下边这个代数学证明:任何数 a 都等于一个更小的数 b。

$$a = b + c$$

两边乘以 $a - b$,得:

$$a^2 - ab = ab + ac - b^2 - bc$$

把 ac 挪到左边:

$$a^2 - ab - ac = ab - b^2 - bc$$

提公因子:

$$a(a - b - c) = b(a - b - c)$$

两边除以 $a - b - c$,得:

$$a = b$$

　　对虚数 i(即-1的平方根)的操作会产生很多陷阱,如下边这个令人无计可施的证明:

$$\sqrt{-1} = \sqrt{-1}$$

$$\sqrt{\frac{1}{-1}} = \sqrt{\frac{-1}{1}}$$

$$\frac{\sqrt{1}}{\sqrt{-1}} = \frac{\sqrt{-1}}{\sqrt{1}}$$

$$\sqrt{1} \times \sqrt{1} = \sqrt{-1} \times \sqrt{-1}$$

$$1 = -1$$

　　平面几何中的大多数谬误都是在有误差的图上做文章的。看看下面这个令人困惑的证明,从一张纸上剪出一个多边形,其正面和背面的面积竟然不同。这个证明是纽约神经精神病学家莱昂斯(L. Vosburgh Lyons)设计的,用来发展同在纽约的柯里(Paul Curry)近来发现的一个古怪原理。

先在一张绘图纸上画出图14.1上方所示的60个平方单位的三角形。沿

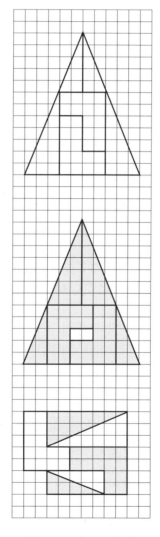

图14.1 柯里三角形

着线裁剪成6块,然后把每一块的背面都涂上色。如果把6块都翻过来,并组成图14.1中间那个涂色三角形,就会发现这个三角形里形成了一个2个平方单位的洞。换句话说,三角形的面积缩小成了58个平方单位。如果再把3块翻过来,使白的一面在上,留下3块涂过色的不翻,就能组合出图14.1下方的图形。这个图形的面积是处于中间的59个平方单位。很明显这里出了问题,但那是什么问题呢?

概率论中充满了这种貌似合理却充满矛盾的推理。假设你刚刚见过你的朋友琼斯,你俩都戴着太太当作圣诞礼物送的领带。你们开始争论谁得到的领带更值钱。你和琼斯最后都同意去卖这两条领带的商店看价钱来解决争议。赢了的人(也就是戴价钱贵的领带的那个人)要把他的领带送给输了的人作为安慰。

你的推理思路是:"在这场争论里我输赢的概率相等。如果我赢了,那么我失去的是现在戴的这条领带的价钱。但如果我输了,肯定能得到一条更昂贵的领带。所以,这场角逐显然对我有利。"

当然,琼斯也完全可以按照这个思路来推理。打一次赌怎么可能对双方都有利呢?

拓扑学里最惊人的悖论是这么一个事实:在环面(炸面饼圈的表面)上扎个孔,不用撕破它就可以拉伸表面,并从这个孔中把它翻个里朝外。这么做不会有任何问题。当这个过程的步骤登载在1950年1月的《科学美国人》上时,新泽西州的一位工程师真的给杂志编辑部寄去了一个他自己翻转的内胎。但既然可以这么做,那就会有更为令人惊叹的事实出现。

在环面的外侧表面,按图14.2上图所示在右边画一个圆圈。在同一个环面的里侧画第二个圆圈。这两个封闭曲线明显相连。现在把环面从孔中翻个里朝外。如图14.2下图所示,这个操作把第一次画的圆圈翻到里边,把第二次画的圆圈翻到外边。两个圆圈不再相连了！这明显违反了一个基本的拓扑学法则：两条相连的曲线，如果不打开一条曲线并把另一条从开口处穿过，就无法把它们分离。

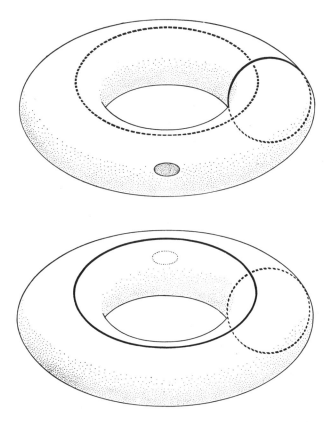

图14.2　当环面从孔中翻个里朝外时，两个相连的圆圈似乎脱开了

　　我们的最后一个谬误来自初等数论，是有关"有趣的"数和"无趣的"数的。当然，有许多途径可以让数变得很有趣。穆尔[①]为"淑女30"(the woman of 30)写下那首著名的颂词时，30这个数对他来说一定很有趣，因为他相信

――――――――――

　　① 穆尔(George Moore，1852—1933)，著名爱尔兰作家，主要作品有《埃斯特·沃特斯》《一个青年的自白》等。——译者注

175

那是一个已婚女人最有魅力的年龄。对数论专家来说,30更有可能令人兴奋,因为它是满足下列条件的最大整数,即所有比它小的且与它没有公因数①的整数都是素数。15 873这个数很有趣,因为如果你把它乘以任何数码然后再乘以7,结果完全是由你选的那个数码的多次重复组成。142 857这个数甚至更有意思。把它乘以1至6的任何数码,你得出的是以循环顺序出现的同样6个数码。

问题出现了:有没有无趣的数呢?我们可以通过下列简单步骤,证明没有这样的数。如果存在枯燥乏味的数,我们可以把所有的数分成两组:有趣的和无趣的。在无趣的数这一组里,会有一个最小的数。因为它是无趣的数中最小的,根据这个事实,它就成了一个有趣的数。因此我们必须把它从无趣的数那组挪到有趣的数那组。但是现在又有了另一个最小的无趣的数。重复这一过程会让所有无趣的数变成有趣的数。

补　遗

两位读者给我提供了有关10位旅客住店的诗文的第九节。(顺便说一句,这首诗发表在1889年4月的《当代文学》(*Current Literature*)第2卷第349页上。没有作者署名,但说明是来自《匹兹堡公告》(*Pittsburgh Bulletin*),无出版日期。这个悖论要比这首诗古老得多,究竟是谁把它写成这首诗的形式,我仍然很有兴趣知道。)

洛杉矶的艾伦(Ralph W. Allen)写道:

那晚的我,未闻喧嚣,

第十位客,大声喊叫。

---

① 这里是指除与1和本身外没有公因数。——译者注

是第二位，安在九号，

而第十位，无处睡觉。

纽约市埃巴斯克国际公司（Ebasco International Corporation）的穆尼（John F. Mooney）是这么揭穿这个谬误的：

回想店主，巧妙折腾，

我们并非，如此蠢笨。

两客同屋，算作一人，

多次重算，难辨难分。

使大多数读者最感到迷茫的谬误，要属那个翻个里朝外的环面了。环面确实是可以翻过来的，但翻转可以说改变了环面的"特性"。结果是，两个圆圈调换了位置，并仍然相连。好几位读者剪下袜子的上部，然后把袜筒两端对接起来，缝出了精巧的环面模型。那两个圆圈是用颜色对比鲜明的棉线缝在环面的里面和外面的。这种环面能很容易地从开在旁边的孔中翻过来，可以最有效地展示那两个圆圈到底是怎么变化的。

关于三角形矛盾体和一大批有关题目的详细讲解，读者可以参阅我的《数学、戏法与奥秘》（*Mathematics, Magic and Mystery*，多佛出版社平装版）中"几何隐遁"的那两章。那个领带的悖论，在克赖切克的《数学娱乐》（也是多佛出版社的书）中有讲解。

结尾处说的那个不存在无趣的数的"证明"，让华盛顿州塔科马市皮吉特湾学院的恩格尔（Dave Engle）发来如下电报：

按照《科学美国人》1月刊的提示，只有经过略少于无穷大次，才能让你停止删减并移动无趣的数。看在兴趣的份上，至少保留一个吧！

第 **15** 章
尼姆游戏与十六子棋

在所有二人数学游戏里,最古老、最有魅力的一种是现在叫做尼姆(Nim)的游戏。它可能发源于中国,有时候孩子们用纸片玩,而成人则在吧台上用硬币玩。该游戏最流行的版本是用12枚硬币摆放成3行,如图15.1所示。

规则很简单。玩游戏的人轮流拿掉1枚或多枚硬币,但必须是在同一行里的。谁拿到最后一枚,就算赢。也可以"倒着玩":谁拿到最后一枚,就算输。高手很快会发现,不论是哪种形式,只要他在自己走的某一步里留下两行多于1枚且数量相同的硬币,就能保证获胜;如果他能在一行里留下1枚

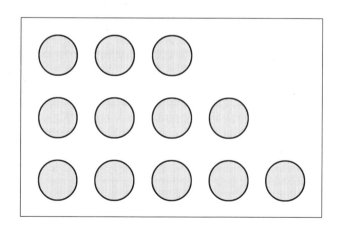

图15.1　12个筹码摆放成"3,4,5"的尼姆游戏

181

硬币，另一行里留下2枚，第三行里留下3枚，也能够赢。如果先行方第一步从最上面一行拿掉2枚硬币，接着"理性地"玩下去，就能稳操胜券。

上述分析没有什么惊人之处，但在世纪之初[①]有一项关于该游戏的惊人发现。有人发现它可以推广到任意多行，每行可以有任意个筹码，而且有个简单得有点滑稽的策略，利用二进制数，可以让任何人把游戏玩得滴水不漏。全面的分析和证明，是哈佛大学数学副教授布顿（Charles Leonard Bouton）1901年首次发表的。顺便说一句，正是布顿把这个游戏命名为尼姆（Nim），大概是想借用这个意思是拿掉或偷走的古英语动词。

借用布顿的术语，在推广的游戏里，每一种筹码组合要么"安全"要么"不安全"。如果走过一步后留下的棋局能保证让自己取胜，就叫做安全，否则就叫做不安全。因此在前面描述过的"3，4，5"游戏里，先行方拿掉上面一行里的2枚硬币就给自己留下了安全棋局。每个不安全棋局都可以通过正确的一步棋变成安全棋局。每个安全棋局**任意**走一步都会变成不安全棋局。因此，要理性地玩，轮到的一方走棋时必须把留给他的不安全棋局变成安全棋局。

要确定棋局安全还是不安全，可将每行的数用二进制表示。如果每一列的数相加等于0或偶数，这个棋局就是安全的，否则就不安全。

二进制表示法一点也不神秘，只不过是一种用2的幂次之和来写数的方法而已。图15.2里的表格显示了1到20的数的二进制表示。你会注意到，从右到左，每一列都是以2的相继递增幂次开头的。于是二进制数10101让我们把16，4，1相加，得到基于10的幂次的十进制的21。把二进制分析运用在尼姆游戏开局时的3，4，5棋局时，我们先把各行用二进制表示成下表。

---

① 指20世纪初。——译者注

	4	2	1
3		1	1
4	1	0	0
5	1	0	1
总计	2	1	2

	16	8	4	2	1
1					1
2				1	0
3				1	1
4			1	0	0
5			1	0	1
6			1	1	0
7			1	1	1
8		1	0	0	0
9		1	0	0	1
10		1	0	1	0
11		1	0	1	1
12		1	1	0	0
13		1	1	0	1
14		1	1	1	0
15		1	1	1	1
16	1	0	0	0	0
17	1	0	0	0	1
18	1	0	0	1	1
19	1	0	0	1	1
20	1	0	1	0	0

图15.2　玩尼姆游戏用到的二进制数表

中间一列相加等于1,是奇数,说明这个组合不安全。但先行方可以把它变安全,只要他照前面解释过的办法走,拿掉最上面那一行里的2枚硬币,这样就把最上面那个二进制数变成了1,从整列的和里消除掉了这个奇数。通过用其他开局方法试验,读者会发现本方法是留下安全棋局的唯一途径。

只要每一行里的筹码数不多于31,就有一个分析任何棋局的简单办法:把你左手的手指当二进位计算机用。假设游戏从摆成7,13,24,30个筹码的四行开始,由你先走。这个棋局安全还是不安全?伸开左手的五个指头,掌心朝向你自己。拇指记录16那一列;食指记录8那一列;中指记录4那一列;无名指记录2那一列;小拇指记录1那一列。要想把7输入你的计算机,先弯下代表能包含于7的2的最大幂次的那个指头。它是4,因此你弯下中指。继续加上2的幂次,向你手的右边移,直至加到7为止。当然,弯下中指、无名指和小拇指就能办到。剩余的3个数——13,24,30——按完全相同的方法输入你的计算机,唯一不同的是,遇到弯下的指头时就把它竖起来而不是再向下弯了。

不论游戏中有多少行,如果你完成这个程序时所有手指都是竖着的,那棋局就是安全的。这意味着你走任何一步都肯定把它变成不安全棋局,而你与任何一个跟你一样了解尼姆游戏的这个规律的人对阵,就肯定要输。不过在这个例子里,你完成程序时食指和中指是弯下来的,说明棋局不安全,只要你走出正确的一步就能赢。因为不安全的组合远比安全的组合多,如果开局时的情况随机决定的话,机会对先行者很有利。

现在你知道7,13,24,30的组合不安全,那么怎么找到能把它变成安全的一步呢?这用指头很难办到,最好把4个二进制数写成如下页表。

注意最左边的加起来是奇数的那一列,这一列里任何有数字的行都可

	16	8	4	2	1
7			1	1	1
13		1	1	0	1
24	1	1	0	0	0
30	1	1	1	1	0
总计	2	3	3	2	2

以通过改变来使棋局安全。假设你想从第二行里拿掉1个或多个筹码，把第一个单位变成0，然后调整右边剩余的数，不让任何列的数相加等于奇数，唯一的办法是把第二个二进制数变成1。换句话说，你在第二行里只留下1个筹码，把别的全拿掉。另外两个取胜的步子是，从第三行拿掉4个筹码，或从最后一行拿掉12个筹码。

　　记住下面这条很有用：如果你在两行里留下同样多的筹码，总能赢。从那个时候起，每次要做的只是让每一行的数保持相等。这条规律以及前面的二进制分析都适用于常规游戏，就是拿到最后一个筹码算赢。令人高兴的是，只要将这个策略作小小的改变即可适用于"倒着玩"的游戏。当"倒着玩"的游戏进行到下面这个阶段（肯定会到的），就是只有一行里有超过一个筹码，那你必须把这行里的筹码全部拿掉或只留下一个，使留下的含一个筹码的行数是奇数。因此，如果棋盘上是1，1，1，3，那你就要把最后一行里的筹码全部拿掉。如果棋盘上是1，1，1，1，8，那你就要从最后一行里拿掉7个筹码。这个改变策略的做法只在最后一步出现，到那个时候就很容易看清楚取胜的方法了。

　　由于数字计算机以二进制系统运行，设计程序让这种计算机玩出绝好的尼姆游戏，或建造一种为此用途设计的特殊机器并不困难。美国国家标准局前主席、现圣路易斯市华盛顿大学物理系主任康登（Edward U. Condon）就是第一台这种机器的共同发明者之一。这台机器在1940年以尼姆机

(Nimatron)的名称申请了专利,由威斯汀豪斯(Westinghouse)电气公司制造,在纽约世博会上的威斯汀豪斯展厅展出过。它可以在100 000次游戏中赢90 000次。它的大多数败局都是在值班人员的操作下产生的,为了展示给怀疑的观众看,让他们知道机器能被打败。

1941年,现任加州大学洛杉矶分校数学助理教授的雷德赫弗(Raymond M. Redheffer)设计了一台大幅度改进过的尼姆游戏机。雷德赫弗的机器与康登的机器容量相等(4行,每行都有7个筹码),但康登的尼姆机重达1吨,还需要昂贵的继电器,而雷德赫弗的机器仅有5磅重,且只需要4个旋转开关。近来,一台叫做猎人(Nimrod)的尼姆游戏机在1951年的不列颠节和随后的柏林交易会上亮相。根据图灵①的记述(见《始料不及》(*Faster Than Thought*),鲍登(B. V. Bowden)编,1953年版,第25章),这台机器在柏林很受欢迎,参观者"把展台围得水泄不通,完全不顾大厅另一头供应免费酒水的酒吧,组织者不得不叫来特警维持秩序。机器把经济部长埃哈德博士(Dr. Erhard)打败三次后,更是名声大振。"

在经过全面分析的很多尼姆游戏变体里,美国数学家穆尔(Eliakim H. Moore)1910年提出的那一种特别有意思。规则与常规的尼姆游戏相同,只不过参与者可以从不超过指定数k的任意多行里拿掉筹码。令人吃惊的是,如果安全棋局被定义为每列的二进制数之和是一个可以被$(k+1)$整除的数,那么同样的二进制分析仍然有效。

尼姆游戏的另一些变体似乎没有任何简单的理性操作策略。据我所知,尚未分析过的版本里最令人兴奋的一种是十多年前由哥本哈根的海恩发明的。(海恩发明了纳什棋,那个拓扑游戏在第8章里讨论过。)

---

① 图灵(A. M. Turing, 1912—1954),英国数学家、逻辑学家,计算机理论和人工智能的创始人之一。——译者注

海恩的尼姆游戏版本在英语国家和丹麦的布洛被称作十六子棋(Tac Tix)，筹码摆放成正方形，如图15.3所示。参与的人轮流拿走筹码，但可以从任何横行和竖列里拿。筹码还必须是相连的，之间不能留任何空挡。例如，如果先行方拿走最上面一行里中间两个筹码，对手就不能在一步中拿走该行剩余的筹码。

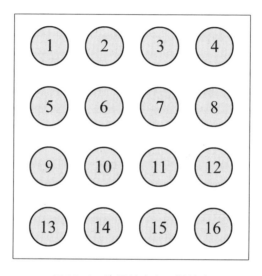

图15.3 海恩的十六子棋游戏

十六子棋必须"倒着玩"(拿走最后一个筹码的人算输)，那是因为按正常方式玩的话，有一条简单策略可以把它变得索然无味。对每边都有奇数个筹码的正方形，先行方拿走中间那行筹码，接着与对手走对称的步子就可以赢。对每边都有偶数个筹码的正方形，后行方从一开始就与先行方走对称的步子便可以赢。如果"倒着玩"，就没有类似的策略了，尽管不难发现在3×3的棋盘上先行方拿走中心那个筹码，或角上的一个筹码，或整个中心行或列里的所有筹码就可以赢。

十六子棋游戏背后的巧妙原理，就是筹码的交叉集，已被海恩运用到许多其他二维和三维构形上。比如,这个游戏可以在三角形和六边形棋盘上玩,也可以把筹码放在五角星或六角星的顶点或交叉点上玩。还可以利用封闭曲线中的交叉点,此时同一条曲线上的所有筹码都被看作在同一"行"里。然而,正方形形式结合了最简单的构形与最复杂的策略。甚至在初级的4×4格局里它都相当难以分析,当然随着方格数的增加,游戏的复杂程度会直线上升。

对该游戏的一个粗浅分析表明,在4×4的游戏中对称走棋的话,只要在最后一步稍微做点改变就会保证后行方取胜。不幸的是,在很多情况下对称走棋的策略行不通。例如,想想下面这个典型的游戏对局,后行方正是采取了对称策略。

	先行方	后行方
1.	5-6	11-12
2.	1	16
3.	4	13
4.	3-7(赢)	

在这个例子里,后行方走的第一步是致命的。做出如上所示的应对后,后行方即使在后面的所有步骤里都不再按对称路线走,还是无法确保取胜。

这个游戏比最初给人的印象要复杂得多。事实上,甚至在4×4的棋盘上拿掉4个角上的筹码后,到底是先行方还是后行方有必胜策略,仍没有人知道答案。作为对该游戏的入门,试解图15.4中的两个十六子棋问题(由海恩先生设计)。在每个棋盘上,你都要找到能保证让你赢的一步棋。也许更愿意动脑筋的读者能回答这个更为复杂的问题:在4×4的棋盘上谁能保证赢,先行方还是后行方?

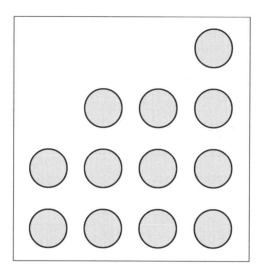

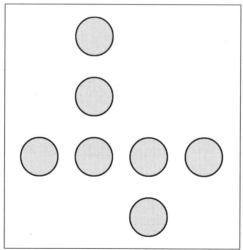

图15.4 两个十六子棋问题

<hr>

补 遗

　　康奈尔大学的康奈尔航空实验室物理部主任查普曼(Seville Chapman)给我寄来了他于1957年制作的一部考虑周详的便携式尼姆游戏机的接线图。机器重34盎司,用3个多层旋转开关操控3行每行4—10个筹码。机器先行时总能赢。有一个很漂亮的方法可以证明这一点。如果我们按前面描述过的阵列形式把这3行记录下来,就会发现每行里在代表8或4的那一列处必定有"1",但不能两列都是"1"。(两个地方不能为空,否则该行里的筹码数会小于4;也不能都是"1",否则筹码数就大于10了。)这3个"1"(每行1个)只有两种办法可以安排到这两列里:3个在同一列,或2个在一列1个在另一列。在这两种情况下,总会有一列的总数是奇数,这就使初始棋局变为不安全,于是让机器先行就能保证它赢。

下列读者寄来了详细的4×4十六子棋游戏的分析:卡察尼斯(Theodore Katsanis),欣里希斯(Ralph Hinrichs),霍尔(William Hall)和科尔撒普(C. D. Coltharp),达比(Paul Darby),霍纳(D. R. Horner),麦科伊(Alan McCoy),罗瑟伯格(P. L. Rotherberg)和马克斯(A. A. Marks),卡斯韦尔(Robert Caswell),奎因(Ralph Queen),格伯(Herman Gerber),格林(Joe Greene),以及达德利(Richard Dudley)。没有人发现简单策略,但在这个棋盘上或在4×4的拿掉4个角上的筹码后的棋盘上,后行方总是能赢已经不再有疑问了。有人猜想,在任何正方形或矩形棋盘上,只要有至少一个奇数边,先行方第一步拿掉中心那行里的所有筹码就能赢,而在有偶数边的棋盘上,后行方能赢。不过,这些猜想还未得到证明。

就目前情况而言,对精通4×4棋盘的十六子棋游戏专家来说,最理想的棋盘是6×6的。它的规模足够小,不会让游戏太冗长、太繁琐,但又足够复杂,能让游戏令人兴奋且不可预测。

190

答　案

　　第一个十六子棋问题可以用好几种不同的方法取胜：比如，拿掉9-10-11-12或4-8-12-16。在第二个问题里，可以拿掉9或10取胜。

第 16 章
左 还 是 右?

物理学中基本粒子都有左右旋的现象,这项最近的"愉快又奇妙的发现"(如奥本海默[①]所称)为我们打开了新的思考领域。宇宙中所有的基本粒子都有同样的左右旋方向吗?假如有一天发现某些星系像爱丽丝在镜中世界里描述的物体那样是由反物质(即由反粒子构成的物质)组成的[②],会不会让大自然恢复其两面派样子呢?如果我们用一种轻松的心态看待这一切,也许能更好地理解这些想法。

镜射现象在生活中很常见,以至于我们自以为很了解它。但如果被问到"为什么镜子会把左右反转而不会把上下颠倒呢?"这时大多数人就无言以对了。能够很容易地构造出根本不会把左右反转的镜子,如果考虑到这个事实,那这个问题就更令人困惑了。柏拉图[③]在他的《蒂迈欧篇》(*Timaeus*)里,卢克莱修[④]在他的《物性论》(*On the Nature of Things*)里都描述过这种镜子,把抛光的矩形金属板弯曲成轻微的凹面形状,如图16.1中间的示意

[①] 奥本海默(J. Robert Oppenheimer, 1904—1967),美国理论物理学家,原子弹之父。——译者注

[②] 见《爱丽丝漫游奇境记》的姐妹篇《爱丽丝镜中奇遇记》(*Through the Looking Glass*),英国数学家刘易斯·卡罗尔(Lewis Carroll)著,1865年出版。——译者注

[③] 柏拉图(Plato,前427—前347),古希腊哲学家。——译者注

[④] 卢克莱修(Carus Lucretius,约前94—前55),古罗马哲学家、诗人。——译者注

图所示。如果你往这样一面镜子里看,你看到的脸与别人看到的你的脸是一样的。用这种镜子反射的文字同样阅读起来没有任何困难。

制作镜像不出现反转的镜子还有一个更简单的办法,就是把两面最好没有镜框的镜子放在一起并呈直角状,如图16.1右边的示意图所示。如果你把这种镜子(以及前面那种镜子)旋转90度,你的脸的镜像会发生什么变化呢?它会上下颠倒。

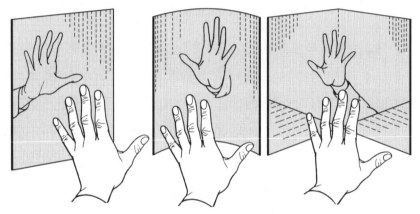

图16.1 普通镜子及其镜像(左)和两种镜像并不反转的镜子(中与右)

对称结构是指在普通镜子里反射后保持不变的结构,这种结构可以重合在自己的镜像上,但非对称结构则不能。所有成对的非对称物体通常是通过把一个叫"左"另一个叫"右"来区分的。仔细观察或测量其中一个,都不会发现另一个所不具备的特性,但两者却完全不同。这个问题让康德[①]伤透了脑筋。"还有什么东西更像我的手,"他写道,"而且比镜子里的像更准确更全面地类似于我的手呢?但是我却无法把镜子里看到的那样一只手放到其原型的位置上。"

这种古怪的二元性在三维以上的任何维度的结构里都能找到。比如,

---

① 康德(Immanuel Kant, 1724—1804),德国哲学家、天文学家,德国古典唯心主义的创始人。——译者注

一段直线段沿着它的那一维去看,是对称的;但如果我们考虑一段长线段后紧跟一段短线段,那么这个图案就不对称了。在线性维数上对一点取反射的话,它就变成了一段短线段后紧跟一段长线段。如果我们把印刷体单词当作一维顺序的一串符号,那么大多数单词都是非对称的,尽管也存在radar(雷达)和deified(神化)等顺拼倒拼都一样的回文单词。甚至还存在回文的句子:"Draw pupil's lip upward"(把学生的嘴唇画成向上);"A man, a plan, a canal— Panama!"(一个人,一个计划,一条运河——巴拿马!);"Egad! A base tone denotes a bad age"(天哪!一个低音预示了一个糟糕的时代);还有亚当说的第一句话,"Madam, I'm Adam"(女士,我是亚当)。(对此,夏娃作出了恰当的回答,"Eve"(夏娃)。)诗人们偶尔会使用回文音序做诗。一则佳例是勃朗宁①那首脍炙人口的抒情诗《相约午夜》(*Meeting at Night*),每一节里用abccba的韵律组合来表现诗中描绘的海浪涌动的节律。

悦耳的旋律同样被认为是在单时间维度上排列的乐音。15世纪很流行创作回文式的卡农曲,模仿出的旋律就是另一个旋律的倒放。很多作曲家(包括海顿②、巴赫③、贝多芬④、欣德米特⑤和勋伯格⑥)都曾使用过这种手法

---

① 勃朗宁(Robert Browning, 1812—1889),英国维多利亚时期代表诗人之一。勃朗宁夫人(Elizabeth Browning, 1806—1861)也是英国诗人。——译者注

② 海顿(Franz Joseph Haydn, 1732—1809),奥地利作曲家,近代交响乐与室内乐之父。——译者注

③ 巴赫(Johann Sebastian Bach, 1685—1750),德国古典作曲家、管风琴家。——译者注

④ 贝多芬(Ludwig van Beethoven, 1770—1827),德国音乐家,世界音乐史上最伟大的作曲家之一,"维也纳古典乐派"最后一位代表人物,与海顿、莫扎特一起被后人称为"维也纳三杰"。一生中为人类创作了无价的音乐宝藏,被尊为"乐圣"。——译者注

⑤ 欣德米特(Paul Hindemith, 1895—1963),德国作曲家、音乐理论家。——译者注

⑥ 勋伯格(Arnold Schönberg, 1874—1951),奥地利作曲家,表现主义音乐大师。生于维也纳,1941年入美国籍。——译者注

取得复调音乐的效果。不过,大多数悦耳的旋律倒着播放时会很刺激人的耳朵。

很多有趣的音乐镜射实验可以用录音机来表演。倒放的钢琴曲听起来像是管风琴曲,那是因为每个乐音的音量都是从微弱到逐渐增强的。在回响室里倒着播放乐曲,并用另一盘磁带录制下来,会得到不可思议的效果。当新录制的磁带倒着播放时,乐音恢复了原来的顺序,但回音却出现在乐音之前。

另一种音乐镜射是这么制作的:转动自动钢琴,让它向前演奏,但使高音和低音顺序颠倒,这种反转的音乐就是钢琴家在镜子里的钢琴上按正常方法弹奏的音乐。旋律变得分辨不出来了,而且大调和小调意外地调换了位置。这种手法也曾经被用在文艺复兴时期的卡农曲及其后作曲家的复调里。经典的例子是巴赫的《赋格的艺术》(*Die Kunst der Fuge*),其中第十二和十三赋格曲是反向颠倒的。莫扎特①曾写过一首有第二声部的卡农曲,这是第一首反向而且上下颠倒了的曲子,两位演奏者可以看同一页乐谱,但两人看乐谱的方向相反。

下面来关注二维结构,我们会发现,像基督教十字架这样的结构是对称的,而古代中国的宗教符号太极图(见图16.2)却是不对称的。被称做阴与阳的黑白区域代表了所有的基本二元性,包括左和右以及组合基础中的奇偶数。太极图和谐的非对称性正好说明了这个事实,两位华裔物理学家(其中一位就姓 Yang②!)因他们的理论研究导致推翻了一个守恒律而获得

---

① 莫扎特(Wolfgang Amadeus Mozart, 1756—1791),著名奥地利作曲家,短暂的一生中创作了22部歌剧和45部交响乐。——译者注

② 英语里没有表示阴与阳的词汇,用汉语拼音 Yin 和 Yang 代替。本书作者借用 Yang 所代表的"阳"指代杨振宁的"杨"。——译者注

图16.2　太极图

了1957年的诺贝尔奖。与音乐不同,所有非对称图案和图画都能被"翻面"(借用版画艺术的词汇来表示"镜射")而不损耗其美学价值。事实上,伦勃朗[①]曾为自己的名画《下十字架》(*Descent from the Cross*)做过一个翻面的蚀刻版画。有人认为,从左到右的阅读习惯会稍微影响西方人看镜射图时的反应,不过即使有的话,影响好像也很小。

因为大多数印刷体单词都构成了非对称图形,印刷材料的镜像通常都无法阅读,但也并非总是这样。你要是把骆驼牌香烟盒拿在手里,让烟盒的顶部朝着你的右边,在镜子里看烟盒上的"CHOICE QUALITY"(精品)这两个词,你就会对你看到的东西感到震惊。"QUALITY"变得不认识了,而"CHOICE"却一点都没变!原因是,印刷体的大写字母CHOICE有一个对称轴,因此在上下颠倒后可以重合在其镜像上。另一些单词,如TOMATO(番茄)和TIMOTHY(猫尾草),水平书写时不对称,但垂直书写时却有一个对

---

① 伦勃朗(Rembrandt Harmenszoon van Rijn,1606—1669),荷兰画家,17世纪欧洲最伟大的画家之一。——译者注

称轴。

当我们考虑一些熟悉的三维结构时,会发现它们是对称与非对称的和谐混合体。大多数生命形式都有对称的外表,明显例外的情况是螺旋形的贝壳、招潮蟹的钳、交喙鸟的交叉形喙及比目鱼的长在一侧的眼。有时候甚至行为模式也是非对称的,例如卡尔斯巴德洞窟国家公园[①]里蜂拥而出的蝙蝠的逆时针盘旋。大多数人造的物体同样是对称的,不过有些尽管看上去对称,但通过仔细查看会证实并不对称,如剪刀、默比乌斯带、变脸六边形折纸和单个反手结。图16.3中的两个结有相同的拓扑学特性,但一个却不能变形为另一个。骰子也有两种不同的形式。给骰子的各面画点时,有两种方法能使相对两面上的点数和为7,两者互为镜像。

由于双臂交叠与把它们打成反手结是同一个道理,于是就有两种不同的交叠方法,尽管我们习惯于一种方法,而对与其成镜像的另一种方法感到难以接受。像往常一样把双臂交叠,抓住一根绳子的两端,放开双臂,就会把结从手臂转移到绳子上。用另一种方法把双臂交叠,重复这个试验,你会发现打出的结是第一次打的结的镜像。一个迷人的(也是未解的)拓扑学问题是证明一个封闭曲线里的一对互为镜像的结无法通过使曲线变形而相互抵消。还没有人做成功过,尽管把一个结推入另一个结并打成个对称的平结并不困难。你要是用左右旋方向相同的两个结这么做,就会打出一个不对称的老奶奶结[②]。

这些可不是无聊的小事情。因为在某种还不为人所知的空间感觉上,某些粒子以不对称著称,所以物理学理论就得解释下面这个事实:当粒子遇到它的反粒子时,两者会互相湮没并产生出相应的能量。爱丽丝往她的

---

① 位于美国新墨西哥州东南部的国家公园。——译者注

② 一种反向打的方结,不牢且易成死结。——译者注

图16.3　左旋与右旋默比乌斯带(上),反手结(中),骰子(下)

镜子里看时就在想,镜子里的牛奶是不是很好喝。人们一度认为这种牛奶没法消化,因为人体内的酶是作用于左旋分子的,对付不了右旋分子。现在看来,情况似乎要糟糕得多。近来的宇称实验结果表明,粒子和反粒子确实只是同一个结构的镜像形式。如果这个情况像大多数物理学家怀疑并希望的那样属实的话,那么爱丽丝只要喝下镜子里的牛奶就会导致一场猛烈的爆炸发生，就像特勒（Edward Teller）②博士与反特勒（Edward Anti-Teller）博士握手时产生的那场爆炸（特勒博士自己在1956年12月15日的《纽约客》（*The New Yorker*）上做过戏剧性的描述）一样。完全可以预言，物理学家不久会进一步思考左与右的问题。

补　遗

本章第二段里提出的那个问题，引发了奇尔吉（Robert D. Tschirgi）博士和小泰勒（John Langdon Taylor, Jr.）博士（两人都在加州大学洛杉矶分校医学中心医学院生理学系）下面这封来信：

先生们：

马丁·加德纳的那篇关于对称性的有趣且引发争论的文章让贵刊的读者们回想起了这个令人不解的问题："为什么镜子会把左右反转而不会把上下颠倒呢？"抛开回答这个问题时常常引用的光路和光学原理的全面解释，本函作者们认为，这里似乎有一个甚至更为重要的基础，从根本上属于心理生理学领域。

---

① 特勒（Edward Teller，原匈牙利名 Teller Ede，1908—2003），美国核物理学家，被誉为"氢弹之父"。——译者注

人从表面上看是双侧对称的,但在主观意识和行为上则相对不对称。我们能区分自己的左右两侧,这个事实本身就意味着我们的感知系统是不对称的,马赫①在1900年就注意到了。从某种程度上讲,我们的非对称心智以双侧对称的躯体为依托,至少就我们对自己外形的不经易视觉观察来说是如此。这里的术语"对称"是用在信息语境下的,表示观察者不能区分(而非感觉)自己感知区域内的两个或更多个组成部分。当然,通过进一步的细致观察,他能够获得其他相异之处的信息,到那时这个系统就不再是对称的了。

我们站在镜子前时,看到的镜像是一个表面上双侧对称的结构,于是我们会被这种明显的对称性误导而这么来看待这个系统,即认为我们自己与自己的镜像是等同的,而不是对映结构体(左右相反的实体)。因此,通过心理投射,我们似乎能够把自己身体的形象在三维空间里绕着一个垂直的轴旋转180度,并转移到两倍于我们到镜子距离的位置,从而使我们的身体与其镜像达到重合。通过这个过程,我们想象在我们的镜像里应该存在着与我们自己而不是我们的对映结构体相同的中枢神经系统感知机制。我们因此也

---

① 马赫(Ernst Mach,1838—1916),奥地利物理学家、哲学家。——译者注

就会得出一个错误的看法,即我们挪动右手时自己的镜像却在挪动左手。如果我们正确地想象镜像中的那个对映结构体的自己,就会意识到它对左右的定义是反的,我们挪动自己定义的右手时,它挪动的是它定义的右手。我们为自己的镜像赋予的不是我们自己的坐标系统,而是镜像坐标系统。把一个纸袋放在一只手上,并把主体轴重新定义为"头—脚"、"前—后"、"手—袋"(而不是左—右),就很容易解释了。现在站在镜子前观察。你移动头,镜像也移动头;你移动脚,镜像也移动脚;你移动手,镜像也移动手;你移动纸袋,镜像也移动纸袋。左右反转的问题现在又如何了?通过简单的把我们的表面结构变得显然并非双侧对称的过程,左右反转消失了,就像客迈拉①一样。不再有可能通过绕我们的垂直轴旋转180度后在我们自己与自己的镜像之间产生实质性的重合,绕着其他任何轴也都不可能。于是,我们认识了我们自己镜像的对映结构体的本质。

要解释绕垂直轴旋转的习惯如何将镜像左右反转的概念强加于除我们自己之外的物体,可以看看常规的上北下南左西右东定向的美国地图。要观察这个地图的镜像,我们总是对着镜子

---

① 客迈拉(chimera),希腊神话里狮头、羊身、蛇尾的吐火女怪。——译者注

绕地图的南北轴旋转。这个习惯无疑来自一个事实，即我们用于观察自己周围环境的大多数动作都是绕我们的垂直轴旋转的。例如，如果地图贴在镜子对面的墙上，我们会直接观察地图，然后绕我们自己的垂直轴旋转自身来看地图的镜像。不管怎样，"东"这时会出现在我们左边，而"北"则仍旧在上方。但是，如果我们把地图绕东—西轴旋转来让它面对镜子，或倒立起来看墙上地图的镜像，那么"东"仍旧在我们右边，但"北"却到了下方。现在，镜子好像颠倒了地图的上下而不是左右。

唯一定义的坐标系统是观察者强加于周围环境之上的，而且坐标轴可以调整，使原点可出现于观察者感知空间内的任何位置。当我们参照另一个物体来描述某个物体的局部时，我们通常会调整自己的坐标系统，好让原点出现在物体内，因此该物体就有了与观察者相似的上—下、前—后、左—右轴。物体在这个系统中旋转时，不管是物体本身的运动还是坐标系统（即观察者）的运动，物体的坐标值必定会改变符号。绕垂直轴旋转物体会导致改变其左—右和前—后位置的符号；绕左—右轴旋转会导致改变其前—后和上—下位置的符号；绕前—后轴旋转会导致改变其上—下和左—右位置的符号。但是,因为是观察者定义了坐标系统,所以观察者自身的旋转并不会改变观察者的有关身体部位的符号。这样一来,如果我们倒立起来看我们自己的镜像,仍然会错误地认为镜子反转了左右,因为在颠倒我们自己身体的过程中,我们也颠倒了坐标系统本身。

这封信在《科学美国人》(1958年5月号)上发表后,该刊收到康涅狄格州斯坦福德市的韦纳(R. S. Wiener)写来的短信:

先生们:

拜读了奇尔吉和特勒两位博士对"为什么镜子会把左右反转而不会把上下颠倒"这一问题的有趣评论后,我决定对他们的一些观察作些尝试。

我在梳妆台上方镜子对面的墙上钉了一张地图(实际上是长岛海峡①西区的海图)。倒立在

① 长岛海峡(Long Island Sound),美国康涅狄格州与纽约州东南部的长岛之间的海峡。——译者注

镜子前的地板上,我发现看不到自己的全影,能看见的只有两只脚。我意识到通常定义为左脚的脚盖住了图上的布里奇波特市①周围,而另一只脚则在东河②附近。

然后我把一个纸袋放在"左"脚上做了试验。纸袋悬浮在布里奇波特市周围。这个试验好像完成得不够好,于是我把梳妆台挪到屋外,从墙上卸下镜子,一头放到地板上,一头靠在墙上。

我在镜子前又倒立起来。镜子里的顶端一只脚上有个纸袋的表面双侧对称结构图像让我感到恐惧,吓得我放弃了整个试验。

---

① 布里奇波特(Bridgeport),康涅狄格州西南部港口城市,位于长岛海峡上。——译者注

② 东河(East River),连接上纽约湾(Upper New York Bay)和长岛海峡的狭窄海峡,把曼哈顿、布朗克斯与布鲁克林和皇后区隔开。——译者注

1988年版后记

尽管大家都知道变脸折纸除了玩以外没有什么实际用处,但是数学家一直对其古怪的特性兴趣不减。在本系列的《迷宫与黄金分割》里,我介绍了这些折纸的正方形近似物——变脸四边形折纸。这两种类型都在此后的很多论文中被讨论过,但还没有一个人写出过有关变脸折纸理论的权威论文来。在罗彻斯特工学院讲授数学的伯恩哈特(Frank Bernhart)比谁都了解变脸折纸。我们希望有一天他会找出版商出版他的专著。

艺名为马文(Max Maven)的心理魔术表演家戈尔茨坦(Philip Goldstein)想出了介绍第2章里讲过的幻方的好办法。让一名观众拿上n种颜色的签字笔,n等于矩阵的阶数。他对n行的每一行用不同颜色画一条线,颜色怎么排列都成。然后对每一列也这么处理。把同色线条交叉点处的n个数加起来,其和当然就是预先确定的数。

在"连城"游戏那一章里,我讲到三维的4×4×4游戏还没有解答。1977年,贝尔实验室的帕塔什尼克(Oren Patashnik)采用与1976年证明四色定理的程序一样复杂的计算机程序破解了这个游戏。细节写在帕氏的论文里(列于"进阶读物"中)。顺便提一下，第8章中讲的只要先行方不出错就总能赢得纳什棋的证明同样适用于"连城"游戏。如果游戏可以以平局结束，就可以证明先行方总能设法打个平手或者取胜。要更多地了解"连城"游戏及其没完没了的变化形式，请看该章书目的最后一条，以及那里的许多文献。

第5章里讲的生日悖论，已经有了很多形式的推广。我试图把较重要的文章都列在我的"进阶读物"里了。莫泽（William Moser）1984年的论文报告了最令人吃惊的结果。令人难以置信的是，少到只有14个人时，连续两天里出现至少有两个人生日的可能性比不出现大；少到只有7个人时，连续七天里至少出现两个人生日的概率超过了$\frac{1}{2}$。在研究一篇有关乔伊斯[①]的《尤利西斯》(Ulysses)中的趣题的论文时，我遇到了一个惊人的生日巧合，那就是乔伊斯与他的好友——爱尔兰作家斯蒂芬斯[②]。乔伊斯为防止自己去世前来不及写完《芬尼根的守灵》(Finnegans Wake)而选定斯蒂芬斯来接替他。他俩都生于1882年2月2日。

亨普尔提出的"支持例证"悖论已成为引起争论的话题，哲学家和统计学家写了大量论文来研究它，更不用说数十本应用科学方法的专著中的激烈争论了。我已经设法把最重要的文献列在了"进阶读物"里。

英国逻辑学家和经济学家杰文斯[③]在他的《演绎逻辑研究》(Studies in Deductive Logic, 1884年版)里提出了一个爱尔兰人被控偷窃的问题。为了反驳3个目击者说曾看见过他犯罪的证词，他推出了30个证人发誓说

---

① 乔伊斯（James Joyce, 1882—1941），爱尔兰小说家。代表作《尤利西斯》出版于1922年，《芬尼根的守灵》出版于1939年。——译者注

② 斯蒂芬斯（James Stephens, 1882—1950），爱尔兰诗人、小说家。最著名的作品是1912年出版的六卷本长篇小说《金坛子》(The Crock of Gold)。——译者注

③ 杰文斯（William Stanley Jevons, 1835—1882），英国经济学家、逻辑学家、边际效用学派的创始人之一。——译者注

没有看见过他偷东西。"错误到底在**哪里呢**?"杰文斯问道。这个问题一直触动着我,就像亨普尔悖论一样。到底是30个人的证词与案子**完全**不相干呢,还是至少能使那个爱尔兰人的无罪申辩多那么一丁点理由呢?在某些情况下(比如30个人中的某一个在窃案发生时看见这个爱尔兰人在离现场许多英里以外的地方),确实能增加他的可信度。

美国著名打油诗作家伦德拉格①把亨普尔的悖论隐含在下面这首四行诗里(对伯吉斯②表示歉意):

> 从未见过紫色牛,
>
> 但若曾经见一头,
>
> 乌鸦皆黑之概率,
>
> 更有可能是1否?

第二张A悖论在表达的时候必须非常谨慎才能避免产生歧义。鲍尔(Rouse Ball)和李特尔伍德(J. E. Littlewood)(参见"进阶读物")及其他一些人对问题的措辞十分含糊,因此无法回答。这个悖论要成立就必须满足两个限制条件:说这句话的玩牌者必须提前指定,而且必须指定A的花色。如果任何一个拿到一张A的人都可以说"我有一张A",那么说出手里那张A的花色并不影响拿到第二张A的概率。即使提前指定了玩牌者,但

---

① 伦德拉格(Nitram Rendrag),以1967年出版的《强棒凯西评注》(*The Annotated Casey at the Bat*)闻名。该书是对美国诗人Ernest Thayer在1888年发表的棒球诗《强棒凯西》(*Casey at the Bat*)作的评注,选了这首诗的不同版本、模仿版及续篇,并写了专业的综述和完整的历史年表。其实这位"著名打油诗作家"就是马丁·加德纳自己,他是把Martin Gardner字母顺序倒过来当笔名用的。——译者注

② 伯吉斯(Frank Gelett Burgess, 1866—1951),美国艺术家、艺术批评家、诗人、幽默作家。1887年毕业于麻省理工学院,获理学学士学位。擅长用各种笔名,1895年发表紫牛打油诗:从未见过紫色牛,也不希望见一头,但我可以告诉你,宁见紫牛不当牛! 马丁·加德纳以伦德拉格的笔名模仿这首打油诗,因此对伯吉斯表示歉意和敬意。——译者注

211

如果他拿到任何一张A时都可以说"我有一张A",那么他说出手里那张A的花色仍然不影响拿到第二张A的概率。每张A都有个花色,在这种情况下说出它的花色就像你说出今天是星期几一样,与游戏毫不相干。如果提前指定了A的花色而没有指定人,那么所说的那张A肯定会在某个人的手里。同样,如果拿着它的人此时说出来,他拿到另一张A的概率仍旧不变。

在概括这个问题的要点时,我是这么满足两个限制条件的:把玩牌者称作"你",并把有关的A指定为黑桃A。加拿大统计学家格里奇曼①让我注意到,著名物理学家薛定谔②,那个量子力学的主要创始人,在1947年发表的一篇论文里提出了该问题。薛定谔说,他是1938年从A·N·怀特海③的侄子英国数学家J·H·G·怀特海(J.H.G. Whitehead)那里听说这个问题的。不过,李特尔伍德说,这个问题可追溯到"大约1911年"。

薛定谔是这么满足两个限制条件的:在惠斯特牌戏④中,牌已发完,只允许一个玩牌者拿起自己那手牌。问他是不是手里至少有一张A,他真诚地回答"是。"然后再问他,"你有黑桃A吗?"他又回答"是。"他手里至少还有一张A的概率是多少?第一个肯定的回答作出后,概率是0.369+。第二个肯定的回答作出后,概率升到0.561+。说出A的花色怎么会把概率由 $\frac{1}{3}$ 强提高到 $\frac{1}{2}$ 强呢?薛定谔的回答如下:

---

① 格里奇曼(Norman Gridgeman,1913—1995),加拿大数学家、统计学家。——译者注

② 薛定谔(Erwin Schrödinger,1887—1961),奥地利理论物理学家,因建立量子力学的波动方程,1933年获诺贝尔物理学奖。——译者注

③ 怀特海(Alfred North Whitehead,1861—1947),英国数学家、逻辑学家、哲学家,数理逻辑的创始人之一。——译者注

④ 惠斯特牌戏由4人分成两组玩,用52张一副的扑克牌,每人发13张牌,最后一张翻开,其花色作为将牌。由发牌人左方的玩者出第一张牌,后面的打法与桥牌一样,只是没有明手。——译者注

当然,我们问一个人手里的那张A或其中一张A是什么花色,而他回答说是黑桃,实际上没有意义。但如果在他手里的A中正好有我们选的那一张,这就增加了他拿着不止一张A的可能性。的确,他拿的A越多,对我们第二个问题回答为"是"的可能性就越大。如果想赌一把,有人会说这是个狡猾刁钻的问题。

格里奇曼在一封信里指出,如果玩牌者对第二个问题的回答是"不,黑桃A**不在**我手里,"这就会把他手里有两张或两张以上A的概率**降低**到 0.262+,略大于 $\frac{1}{4}$。

注意上面所列举的所有概率都是指**至少**有另一张A的概率。正如爱泼斯坦(R. A. Epstein)在(《科学美国人》1957年7月号上的)一封信中指出的,如果你关心的是**正好**多一张A的情况,那么对指定的A,概率是 $\frac{8\,892}{20\,825} = 0.426+$,对未指定的A,概率是 $\frac{2\,223}{7\,249} = 0.306+$。爱泼斯坦写道,"如果知道了A的颜色,与此相关的概率也很有意思。这种情况下,拿到一张或更多张A的概率是0.502+,而拿到多于一张A的概率是0.403+。奇妙的是,这些数离指定花色的情况较近,而离未指定花色的情况稍远些。"

在后来的一封信中,格里奇曼建议,这个普遍问题可用一个三维的维恩图进行有效展示:

你可以用单位体积的立方体来代表总样本空间(发牌的可能总数),其内部有4个大小相等的球分布在一个正四面体的角上,每个球的大小都表示一手牌中有一张A的概率。我们把它们标记为C,D,H,S。(实际上,这个图无法按真实比例画出。)现在,这个四面体的大小就成了这个样子:每条棱的中心处都有球体相重叠(这些重叠部分就代表了6种可能出现的一手牌有两张A的概率);在每一个面的中心处,3个球体的重叠代表4种可能出现的一手牌有三张A的概率;在四面体的正中心处,所有4个球体的重叠代表一手牌有四张A的概率。明白了吗?所有可能组合出现的概率都能表示出来了。例如,可以回答这个问题:"如果知道一手牌里有两张A,这手牌里有第三张A的概率是多少?"或者是"已知一手牌里有两张A,其中一张是黑桃A,这手牌里还有红心A的概率是多少?"

第二个孩子的问题,如果表述得不是非常精确,也会发生界定不清的情况。这里就不讨论了,我建议读者去看我本系列的《幻方与剪纸艺术》,我在第4章复述了这个问题,并在第9章里讨论了它的歧义。

河内塔已经以很多不同形式在全球销售了很多次。1974年在美国销售的一种形式与众不同,这是用硬纸板折叠的9个大小不同的金字塔,堆起来会成为一个鸟巢。让解题者把一件小宝贝(如戒指或硬币)藏在堆叠最下面的那个(最小的)金字塔下,然后根据通常规则把整个堆叠挪动到另一个点上来取出宝贝。

还有建立在这个趣题基础上的两人游戏。沃勒顿(Harry Wollerton)在英国出版的《游戏与趣题》(*Games and Puzzles*,1976年12月)月刊上提出下面这个游戏。棋盘是一排7个方格。在这排方格的两端各有一叠按大小顺序垒起来的5个圆盘,最大的在底下。两人跟前的圆盘颜色是不同的。他们交替移动自己那叠圆盘中的一个,目标是抢先把自己的那叠圆盘挪到整排方格的另一头。圆盘可以挪到任意一个空格,或叠放在任意一个(随便哪种颜色的)比它大的圆盘上。到达目的方格的圆盘不能再移动,因此,这些圆盘放到目的地的时候必须排好正确的顺序。

很多读者重新发现了一个古老的技巧来解决这个传统的趣题。如果偶数号的圆盘是一种颜色,奇数号的圆盘是另一种颜色,我给出的解决这个趣题的程序就显得非常简单了。一种颜色的圆盘绕三角形朝一个方向走,另一种颜色的圆盘绕三角形朝相反方向走。这个程序是克努特[1]告诉我的,出现在阿拉迪斯(R. E. Allardice)和弗雷泽(A. Y. Fraser)的"河内塔"(Le Tour d'Hanoi)一文里,收于《爱丁堡数学学会公报》(*Proceedings of the Edinburgh Mathematical Society*)1884年第2期第50—53页。

雷文诺(Vance Revennaugh)来信提出了一个很有趣的变化形式。九个圆盘,三红、三黄、三蓝,按红黄蓝循环顺序叠起来。任务是按标准规则移动圆盘,组成三叠,一红、一黄、一蓝,用最少的步数完成。

河内塔显然能推广到 n 个圆盘和 k 根柱子的形式,任务是把圆盘用最少的步数移动到任意一根别的柱子上去。杜德尼在1902年5月25日的《每周快报》(*The Weekly Dispatch*)上分析了 $k = 4$ 的情况,又在该报1903年3月15日的一期上分析了 $k=5$ 的情况。他在回答中讨论了《坎特伯雷趣题》的第一个问题的推广形式,给出了一个递归程序来计算两种情况下的最小移动步数:当 $k = 4$,n 为任意三角形数时;或当 $k = 5$,n 为任意金字塔数时。[2]比如,对4根柱子和10个圆盘(10是三角形数)来说,需要的移动步数是49,明显少于只有3根柱子时需要的 $2^{10}-1 =7\,257\,600$ 步。如果多加一根柱子,贝拿勒斯的那些僧侣们在几个小时内就能把64个圆盘移完!

① 克努特(Donald Knuth, 1938—),著名计算机科学家,斯坦福大学退休教授。1974年获美国计算机协会图灵奖,1979年获美国卡特总统授予的科学金奖,1996年11月获京都奖。他还是业余小说家和作曲家。——译者注

② 三角形数是指按正三角形排列的点的个数,形如 $\frac{n(n+1)}{2}$,为 $1,3,6,10,\cdots$;金字塔数即四棱锥数,是指按正四棱锥排列的点的个数,形如 $\frac{n(n+1)(2n+1)}{6}$,为 $1,5,14,30,\cdots$。——译者注

　　推广情况在1939年《美国数学月刊》的问题3918里被提出,两个不完整的解答刊登在该刊第48卷(1941年)第216—219页。此后,许多数学家都研究了这个问题,包括克努特、钱德拉(Ashok Chandra)、奥利维尔(Don Olivier)和马纳切尔(Glenn Manacher)。他们得出的公式都与杜德尼的完全一样。不幸的是,所有对这个公式的证明都以下面的假设为基础:在相邻柱子上的圆盘,如果在大小上不连续,就说它们之间有"间断"。而这个假设就是,当任何其他柱子上的较小圆盘之间有间断时,不移动任何较大的圆盘。

　　对任何k和n的值,还没有找到违反这个假设的步数更少的解答,但是这个推广的问题还应被看作尚未解决,虽然很多已经发表的错误断言持相反意见。我们需要这样一个证明:没有一个违反这个假设的解答步子会更少。甚至对$k = 4$,除了n的最小值以外,这个问题也没有得到解决。这个公式很复杂,但是它大致相当于把移动的最少步数(倘若假设成立)定为2^{hm},其中$h = k - 2, m^h = n$。

　　河内塔会在格雷厄姆(Ronald Graham)、克努特、帕塔什尼克三人即将出版的《具体数学》(Concrete Mathematics)一书中详细讨论,书中还包含了以前从未发表的一些基本推广及解答。克努特在他著名的《计算机编程艺术》(The Art of Computer Programming)系列丛书下一卷的第八章中也会讲解这个趣题。我要感谢克努特,是他给我提供了上面的大部分信息和下面的论述,下面的内容几乎原封不动地引自他的一封信。

　　通过添加约束条件,对河内塔作了很多改动。比如,斯科勒(Scorer)、格伦迪(Grundy)和史密斯(Smith)三人在1944年发表的论文中提出的限制规则是:把柱子排成直线,并禁止在两端的柱子之间移动。有了这个限制,需要3^n-1步才能把n个圆盘从一端的柱子上移动到另一端的柱子上,而且在这个过程中,柱子上每一种可能的圆盘组合都会出现。移动的顺序与三进制格雷编码对应。移动 $\dfrac{3^n-1}{2}$ 步之后，整叠圆盘走了一半，到了中间那根柱子上。

人们提出了几十种其他花样，其中一种是把柱子排成圆圈状，每一步移动都必须顺时针走。斯科勒、格伦迪和史密斯证明了 3^n-1 步也能满足下列条件：$k=4$ 且整叠圆盘移动了两步。例如，如果有 $n=3$ 个圆盘，由小到大编号为 0, 1, 2，它们的 26 步解答是 00100100 2 00100100 2 00100100。但是，克努特在 1975 年注意到这不是最合适的解答：他发现了 18 步的解答，是 000112 012010 101000。（顺便提一下，这个解答肯定是最好的，因为必须满足 0 比 1 至少多出 4 个，且 1 比 2 至少多出 4 个才行。）

像那个无限制规则的问题一样，尽管已经有了 3 根柱子时的完整解答，但当 $k>3$ 时，推广到 n 的那个循环问题仍未解决。阿特金森（M. D. Atkinson）在 1981 年证明，当 $k=3$ 时，n 个圆盘顺时针移动需要的最少准确步数是

$$\frac{\left(1+\sqrt{3}\right)^{n+1}-\left(1-\sqrt{3}\right)^{n+1}}{2\sqrt{3}}-1。$$

当 $n=1$ 至 7（$k=3$）时，n 个圆盘顺时针移动到下一个顺时针方向相邻的柱子上需要的最少步数是 1, 5, 15, 43, 119, 327, 895；顺时针移动到下一个逆时针方向相邻的柱子上需要的步数是 2, 7, 21, 59, 163, 447, 1223。

我在写纳什棋那章时，不知道皮特·海恩从来不被叫作海恩先生，而总是叫全名。我的很多《科学美国人》专栏的后续文章介绍了他的一些其他作品。参见本系列的《迷宫与黄金分割》和《打结的炸面饼圈及其他数学娱乐》（*Knotted Doughnuts and Other Mathematical Entertainments*）里介绍海恩的索玛立方块的章节，以及《沙漏与随机数》里介绍他的超椭圆和超鸡蛋的那

一章。他的很多令人愉快的轻松诗①专辑(他自己称做"grooks"②)已在美国翻译并出版。

有人发明了好几个类似纳什棋的拓扑学游戏。最先把棋盘两端按规定路线连起来的一方获胜。其中一个以"连桥"(Bridg-it)的名称销售,后来证明有一条基于配对策略的取胜路线(参见《椭圆与四色定理》第8章)。相比之下,纳什棋则被证明非常难以分析。至今只知道低阶棋盘上有可以取胜的路线,对任意尺寸棋盘上的普遍取胜策略则毫无头绪。

反纳什棋(Rex, reverse Hex),是把纳什棋颠倒过来玩的一种游戏,取胜的一方迫使对手连成一个链条。这个游戏像大多数两人游戏的颠倒形式一样,分析起来更困难。埃文斯(Ronald Evans)对反纳什棋的分析(见其1974年的论文)比温德尔的分析向前推进了一步,指出每条边有偶数个格子的棋盘上,白方在尖角那格上开局就可以取胜。这可以轻松地在 2×2 的棋盘上进行演示,在 3×3 的棋盘上也很容易看出获胜方法,但 4×4 的棋盘太过复杂,先行方取胜的线路至今仍未确知。西尔弗曼(David Silverman)在一封信里报告说,他发现了一个不同寻常的后行方配对策略,在 5×5 的棋盘上可以确保取胜。读者会在我的《时间旅行及其他数学困惑》(Time Travel and Other Mathematical Bewilderments)里找到埃文斯提出的很不错的反纳什棋问题。

贝克(Anatole Beck)提出了另一种变化形式:贝克版纳什棋,可以允许

---

① 轻松诗(light verse),诗歌传统中一个非常重要的诗体类型,多为短小精练的四行、六行打油诗,充满智慧、修辞手法多样,常含文字游戏和双关语。——译者注

② grooks 来自丹麦语 gruk,短小警句诗。有人说这个名称是丹麦语 GRin & sUK("笑与叹息")的缩写,但海恩自己认为是凭空想象出来的一个词,写成 grooks 或 gruks 均可。纳粹占领丹麦后不久,海恩于1940年4月开始在丹麦《政治报》上发表这种作品,共写过一万多首,有丹麦语的也有英语的,后来出了60多本集子。——译者注

黑方指定白方从哪里开局。贝克可以证明(见"进阶读物"),黑方只要让白方在尖角那格开局,他就总是能赢。纳什棋的其他变化形式,包括Vex、垂直Vex、反垂直Vex及Tex都在埃文斯1975年的文章中有描述。

尽管凭直觉看,纳什棋很明显不能以平局结束,但形式证明要比你想象的更棘手。曾发表过多次的一项"证明"是这样的:想象在一张菱形纸上刚结束的一局纳什棋。把黑方走过的所有格子裁剪掉,然后抓住两条"白"边向外拉。如果纸分开了,就说明黑方连出了一条完整的路径。如果纸没有分开,就说明白方连出了一条完整的路径,而且只要你拉扯"黑"边,纸肯定会分开。因为肯定会出现这两种情况中的一种,所以总有一方会取胜。不幸的是,肯定会出现两种情况中的一种这句话并不明确。假设菱形纸必定会在一个方向或另一个方向上被拉扯开,就等于假设了你想要证明的东西,即其中一方必定连出了一条完整的路径。尚待证明的是,一局游戏不可能在所有格子被填满,而且任何一方都没有连出一条完整路径的情况下结束。正如盖尔(David Gale)在他1979年的论文里指出的,这个情形与拓扑学上众所周知的若尔当曲线定理(Jordan curve theorem)相似。"看出"一条简单闭曲线肯定会把平面分成两个分离的区域并不困难,但是要作出形式证明则并非如此简单。

再来说说劳埃德,请大家阅读我编辑的由多佛公司出版的那两本劳埃德趣题集的序言,以及我的《轮子、生活及其他数学娱乐》(*Wheels, Life, and Other Mathematical Amusements*)一书里关于广告小礼品的那章。我一直以为那本劳埃德的《趣题大全》是小劳埃德在他父亲去世后选编的,但情况并非如此。老劳埃德1907年就创办了《我们的趣题杂志》(*Our Puzzle Maga-zine*),收录了他早先的一些作品(我不知道共出了多少期)。父亲去世后,小劳埃德只是用该刊的印版印了本《趣题大全》而已。尽管这是一部巨著,但它未能收录各种出版物和广告图案里发表过的成千上万种劳埃德趣题。《游戏》(*Game*)杂志的一位编辑肖茨(Will Shortz)多年来一直在追踪搜集这些被人遗忘的丰富宝藏。我希望他有一天能把劳埃德的那些被人遗忘的作品编辑成一套权威性的文集。

劳埃德有名的"离开地球"小礼品是在早先的线性版本上开发的。要了解这种矛盾体的历史渊源,可参见我的《数学、戏法与奥秘》中讨论几何隐遁的那两章和斯托弗(Mel Stover)的文章。这两个文献都探讨了有关"消失的面积"的矛盾体,如本书第14章里讲解过的柯里三角形。近年来最流行的把人变没了的版本是失踪的小妖精矛盾体,它是帕特森(Pat Patterson)画的,可以在加拿大多伦多市阿德莱德西大街2121号的W.A.埃利奥特公司(W. A. Elliott Company)买到大小不同的版本。我在《轮子、生活及其他数学娱乐》和《啊哈,抓住你了!》(*Aha, Gotcha!*)的广告小礼品章节中复制并讨论过它。

劳埃德的"14-15"滑块游戏在大多数趣味数学的经典综合著作中都曾提到过,其中包括以下作者的作品:英国的鲍尔、法国的卢卡、德国的阿伦斯(W. Ahrens)等等。在阿伦斯的《数学娱乐与游戏》(*Mathematische Unter-haltengen und Spiele*,莱比锡,1918年版)[①]第二卷中,他详细介绍了这个趣题及其历史。我在《〈科学美国人〉趣味数学集锦之六》(*Sixth Book of Mathematical Games from* **Scientific American**)里,把一个8块的简化版(3×3方阵)作为第20章中的一个问题。甚至那些更简单的版本(如在2×3区域中的5块版本)都是很多古老趣题书中这类题目的基础。

---

① 作者提供的该德语书名可能有误,应为 *Mathematische Unterhaltungen und Spiele*。该书从1901年第一版到1981年版均为此名,见德国莱比锡大学图书馆和美国哈佛大学图书馆藏书。——译者注

采用单位正方形的题目是滑块趣题里最简单的一种。上百种更为复杂的滑块趣题(采用矩形和其他形状,且棋盘是不同于正方形和矩形的形状)曾经时常在全球各地销售。我在《〈科学美国人〉趣味数学集锦之六》的第7章介绍了这个广阔的器具型趣题领域。与此有关的权威著作是霍登(L. E. Hordern)写的(见"进阶读物"中的"14-15"滑块游戏),里面有很多彩色照片。

至于多联骨牌、多立方体(连接在一起的立方体)、多六边形(连接在一起的六边形)以及由等腰直角三角形连接在一起的四联骨牌,已有太多文章发表,这些文献我就不在"进阶读物"中列出了。读者可以参看我后面出的专栏集中讨论多联骨牌的章节所引用的文献,也可以参看各期《趣味数学杂志》(Journal of Recreational Mathematics),上面发表了数十篇有关多联骨牌的文章和问题。成套的多联骨牌及其变化形式时常在世界各国出售。一套非常精美的木制五联骨牌(厚度为一个单位的12个五联骨牌)现在可在马里兰州帕萨迪纳市罗琳大道1227号的卡登企业集团(Kadon Enterprises)买到。平面和三维空间的问题都可以用这个玩意儿来对付。

尼姆游戏属于一个大类,可称为尼姆类游戏或取子游戏,两位参与者根据指定的规则轮流从指定的集合里拿掉筹码。按正常方式玩时,拿掉最后一个筹码的人算赢;反向玩时,最后一个拿掉筹码的人算输。有关这类游戏的经典开创性论文是盖伊(Richard Guy)和史密斯(C.A.B. Smith)的"各种游戏的G值"(The G-Values of Various Games),发表在《剑桥哲学学会公报》(Proceedings of the Cambridge Philosophical Society)第52卷(1956年7月)第514—526页。最全面的论述尼姆类游戏的文献(分析了几十种新出的和新奇的游戏)是伯利坎普(Elwyn Berlekamp)、康威(John Conway)和盖伊的两卷本《取胜之道》(Winning Ways)。我后来在《科学美国人》专栏上介绍

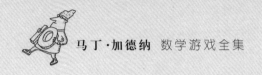

过不少这类游戏,但我的文献仅限于传统的尼姆游戏。

很多人用计算机程序检验过海恩的变化版本(我称它为十六子棋,但后来大家都叫它光轮(Nimbi)),都没有形成通解。当然,这个游戏不一定非要在正方形图案中玩,可以是矩形、三角形、六边形或任何其他形状。1967年海恩在丹麦出售过的一个版本是这么玩的:开始时有12个筹码,摆放成一个去掉三个角的等边三角形。弗兰克尔(Aviezri Fraenkel)和赫尔达(Hans Herda)证明,后行方在正常方式下玩和反向玩时都可以确保获胜。他们把这些结果发表在《数学杂志》第53卷(1980年1月)第21—26页上的"光轮游戏中万万不能急于成为先行方"(*Never Rush to Be First in Playing Nimbi*)一文里。

左右不对称的问题总是会让我着迷。事实上,我写了一整本书《灵巧的宇宙》(*The Ambidextrous Universe*)来讨论它。该书修订了多次,最彻底的一次是1985年为出版法文版进行的修订,但它在美国已绝版。我一直忍住不出新的修订版,是为了等待理论粒子物理学取得某些进展,让我可以增添一节内容来谈谈万事万物在新的超弦理论下的左旋与右旋。

进阶读物

变脸六边形折纸

"Hexahexaflexagrams." Margaret Joseph in *Mathematics Teacher* 44 (April 1951): 247–248. 讲解如何用直纸条制作六面变脸六边形折纸。

"A Six-Sided Hexagon." William R. Ransom in *School Science and Mathematics* 52 (1952): 94. 讲解如何制作三面变脸六边形折纸。

"The Flexagon and the Hexahexaflexagram." F. G. Maunsell in *Mathematical Gazette* 38 (1954): 213–214. 描述三面变脸六边形折纸和六面变脸六边形折纸。另见 Vol. 41 (1957): 55–56, 有一条 Joan Crampin 对此论文的注释。描述用直纸条制作变脸六边形折纸(有 3,6,9,12,…张脸)。

"Flexagons." C. O. Oakley and R. J. Wisner in *American Mathematical Monthly* 64 (March 1957): 143–154.

"The Flexagon Family." Roger F. Wheeler in *Mathematical Gazette* 42 (February 1958): 1–6. 是一个相当完整的对直纸条和弯纸条形状的分析。

"How to Construct Hexaflexagons." Sidney Scott in *Recreational Mathematics Magazine* 12 (December 1962): 43–49.

"Protean Shapes with Flexagons." William Ransom in *Recreational Mathematics Magazine* 13 (February 1963): 35–37.

"The Construction of Flexagons." Pamela Liebeck in *Mathematical Gazette* 48 (December 1964): 397–402.

The Mysterious Flexagons. Madeline Jones. Crown, 1966. 是用厚纸印刷给小孩子玩的,他们可以剪下来折叠。

Mathematics on Vacation. Joseph Madachy. Scribner's, 1966, 62–84.

"Hybrid Flexagons." Douglas Engel in *Journal of Recreational Mathematics* 2 (January 1969): 35–41.

Mathemagic with Flexagons. Donovan Johnson. Activity Resources, 1974.

"Classifying and Counting Hexaflexagrams." Thomas O'Reilly in *Journal of Recreational Mathematics* 8, No.3 (1975–1976): 182–187.

"Symmetries of the Trihexaflexagon." Michael Gilpin in *Mathematics Magazine* 49 (September 1976): 189–192.

Flexagons. Paul Jackson. British Origami Society, 1978.

"V-Flexing the Hexaflexagon." T. Bruce McLean in *American Mathematical Monthly* 86 (June–July 1979): 457–466.

"Hexplay." Scot Morris in *Omni* (October 1984): 89ff.

Elements of Flexagon Theory. Frank Bernhart. 未出版的专著。

矩阵的魔法

"Webster Had a Word for It." Stewart James in *Linking Ring*（一本美国魔术杂志），October 1952.

"And So Force." P. Howard Lyons in *Genii* （一本美国魔术杂志）19, February 1955.

"OGNIB." Mel Stover in *Ibidem*（一本加拿大魔术杂志）7, September 1956.

"The Irresistible Force." Mel Stover in *New Phoenix*（一本美国魔术杂志）340，January 1957.

"Rainbow Matrix." Philip Goldstein in *The Violet Book of Mentalism*. 1980年，魔术行业内部出版。

"Force Majeur." Philip Goldstein in *Doth*. 1987年内部出版。讲解了一个简单方法，在头脑中构建一个矩阵，可以得出观众要的那个数。

"连城"游戏

"Tit-tat-to." Alain C. White in *British Chess Magazine*, July 1919. 这是我见到的最早的策略分析。作者White轻蔑地说只要花半个小时就能完全掌握这个游戏。他应该再花半个小时看看，因为他弄错了，错还真不小。对方以边上的X8开局的话，他建议走O3，认为是最佳回应，却没有看到对方走X9后再走X5就会轻易取胜。

"Hyper-Spacial Tit-Tat-Toe or Tit-Tat-Toe in Four Dimensions." William Funkenbusch and Edwin Eagle in *National Mathematics Magazine* 19 (December 1944): 119–122.

"Design of a Tit-Tat-Toe Machine." R. Haute in *Electrical Engineering* 68 (October 1949): 885.

"The Game of Tick-Tack-Toe." Harry D. Ruderman in *Mathematics Teacher* 44 (1951): 344–346.

"Tick-Tack-Toe Computer." Edward McCormick in *Electronics* 25 (August 1952): 154–162.

"Games of Alignment and Configuration." H. J. R. Murray in *A History of Board Games other than Chess*, chapter 3. Oxford University Press, 1952.

Scarne on Teeko. John Scarne. Crown, 1955.

"Relay Moe Plays Tick Tack Toe." Edmund C. Berkeley in *Radio-Electronics*, December 1956.

"Tic-Tac-Toe Mate." David D. Lockhart in *Popular Electronics*, November 1958.

"On Regularity and Positional Games." A. W. Hales and R. I. Jewett in *Transactions of the American Mathematical Society* 106 (1963): 222–229.

The Theory of Gambling and Statistical Logic. Richard A. Epstein. Academic Press, 1967, 359–363.

"The Game of Noughts and Crosses." Fred Schuh in *The Master Book of Mathematical Recreations*, chapter 3, Dover, 1968.

Your Move. David L. Silverman. McGraw-Hill, 1971, 69–78.

"The Solution of a Simple Game." Daniel I. A. Cohen in *Mathematics Magazine* 45 (September–October 1972): 213–216.

The New Elements of Mathematics. Charles Peirce, ed. Carolyn Eisele. Vol. 2.

Humanities Press, 1976, 11-24.

"Qubic: 4 × 4 × 4 Tic-Tac-Toe." Oren Patashnik in *Mathematics Magazine* 53 (September 1980): 202-216.

"Ticktacktoe Games." Martin Gardner in *Wheels, Life, and Other Mathematical Amusements*, Chapter 9. W. H. Freeman, 1983.

概 率 悖 论

生日悖论

"Understanding the Birthday Problem." Frederick Mosteller in *Mathematics Teacher* 55 (May 1962): 322-325.

"Generalized Birthday Problem." E. H. McKinney in *American Mathematical Monthly* 73 (April 1966): 385-387.

"Extensions of the Birthday Surprise." M. S. Klamkin and D. J. Newman in *Journal of Combinatorial Theory* 3 (October 1967): 279-282.

An Introduction to Probability Theory and its Applications. William Feller. Vol. 1, 3d ed. Wiley, 1968.

"A Birthday Holiday Problem." Robert Greenwood and Arthur Richert, Jr. in *Journal of Combinatorial Theory* 5 (1968): 422-424.

"A Classroom Illustration of a Nonintuitive Problem." Richard Kleber in *Mathematics Teacher* 62 (May 1969): 361-367.

"More Birthday Surprises." Morton Abramson and W. W. J. Moser in *American Mathematical Monthly* 77 (October 1970): 856-858.

"A Birthday Problem." D. M. Bloom in *American Mathematical Monthly* 80

(December 1973): 1141-1142.

"Another Generalization of the Birthday Problem." J.E. Nymann in *Mathematics Magazine* 48 (January-February 1975): 46-47.

"The Birthday Problem Revisited." Joe Austin in *Two-Year College Mathematics Journal* 7 (January 1976): 39-42.

"A Direct Attack on a Birthday Problem." Samuel Goldberg in *Mathematics Magazine* 49 (May 1976): 130-131.

"Celebrating the Birthday Problem." Neville Spencer in *Mathematics Teacher* 70 (April 1977): 348-353.

"The Uniformity Assumption in the Birthday Problem." Geoffrey Berresford in *Mathematics Magazine* 53 (November 1980): 286-288.

"Using a Microcomputer to Simulate the Birthday Coincidence Problem." John Ginther and William Ewbank in *Mathematics Teacher* 75 (December 1982): 369-370.

"It's not a Coincidence, But it *is* a Surprise." William Moser in *Crux Mathematicorum* 10 (1984): 210-213.

"The Birthday Distribution: A Quick Approximation." Anthony Robin in *Mathematical Gazette* 68 (October 1984): 203-206.

"An Extension of the Birthday Problem to Exactly *k* Matches." Robert Hocking and Neil Schwertman in *College Mathematics Journal* 17 (September 1986): 315-321.

"The Birthday Problem for Boys and Girls." Tony Crilly and Shekhar Nandy in *Mathematical Gazette* 71 (March 1987): 19-22.

第二张 A 悖论

A Mathematician's Miscellany. J. E. Littlewood. Methuen, 1953, 27. Cambridge University Press reprint, 1986.

"Aces." George Gamow and Marvin Stern, in *Puzzle-Math*. Viking, 1958, 37–42.

Lady Luck. Warren Weaver. Doubleday, 1963, 363. 作者 Weaver 误解了第一版里的问题,但在后来重印时改正了自己的说法。

Aha! Gotcha. Martin Gardner. W. H. Freeman, 1982, 105.

"Paradox of the Second Ace." W. W. Rouse Ball and H.S. M. Coxeter in *Mathematical Recreations and Essays*. 13th ed. Dover, 1987, 44–45. 该书最早出版于1882年;我不知道在后来的哪一版里最先出现了这个悖论。

第二个孩子悖论

The Second Scientific American Book of Mathematical Puzzles and Diversions. Martin Gardner. Simon and Schuster, 1961. Rev. ed., University of Chicago Press, 1987, 152, 226.

Aha! Gotcha. Martin Gardner. W. H. Freeman, 1982, 104–105.

亨普尔悖论

"Le problème de la vérité." Carl Hempel in *Theoria* 3: 206–246. Göteborg, 1937.

"On Confirmation." Janina Hosiasson-Lindenbaum in *Journal of Symbolic Logic* 5 (1940): 133–148.

"A Purely Syntactical Definition of Confirmation." Carl Hempel in *Journal of*

Symbolic Logic 8 (1943): 122–143.

"Studies in the Logic of Confirmation." Carl Hempel in *Mind* 54 (1945): 1–25, 97–121.

"A Note on the Paradoxes of Confirmation." Carl Hempel in *Mind* 55 (1946): 79–83.

Logical Foundations of Probability. Rudolf Carnap. University of Chicago Press, 1950, 223ff, 469ff.

"Hypotheticals." David Pears in *Analysis* 10 (1950): 49–63.

Fact, Fiction, and Forecast. Nelson Goodman. Chapters 3 and 4. Harvard University Press, 1955.

The Logical Problem of Induction. G. H. von Wright. Chapter 6. 2d ed. Macmillan, 1957.

"The Paradoxes of Confirmation." H. G. Alexander in *British Journal for the Philosophy of Science* 9 (1958): 227–233.

"Corroboration versus Induction." J. Agassi in *British Journal for the Philosophy of Science* 9 (1959): 311–317.

"The Paradoxes of Confirmation—a Reply to Dr. Agassi." H. H. Alexander in *British Journal for the Philosophy of Science* 10 (1959): 229–234.

"Popperian Confirmation and the Paradox of the Ravens." David Stove in *Australasian Journal of Philosophy* 37 (1959): 149–151.

"Mr. Stove's Blunders." J. W. N. Watkins in *Australasian Journal of Philosophy* 37 (1959): 240–241.

"On Not Being Gulled by the Ravens." W. J. Huggett in *Australasian Journal of Philosophy* 38 (1960): 48–50.

"A Reply to Mr. Watkins." David Stove in *Australasian Journal of Philosophy* 38 (1960): 51–54.

"Reply to Mr. Stove's Reply." J. W. N. Watkins in *Australasian Journal of Philosophy* 38 (1960): 54–58.

"A Note on Confirmation." Israel Scheffler in *Philosophical Studies* 11 (1960): 21–23.

"Confirmation without Background Knowledge." J. W. N. Watkins in *British Journal for the Philosophy of Science* 10 (1960): 318–320.

"The Paradox of Confirmation." I.J. Good. Parts 1 and 2 in *British Journal for the Philosophy of Science*. Vol. 11 (1960): 145–149; Vol. 12 (1961): 63–64.

"Professor Scheffler's Note." J. W. N. Watkins in *Philosophical Studies* 12 (1961): 16–19.

"Goodman on the Ravens." Sidney Morgenbesser in *Journal of Philosophy* 59 (1962): 493–495.

"The Paradox of Confirmation." J. L. Mackie in *British Journal for the Philosophy of Science* 13 (1963): 265–277. Reprinted in *The Philosophy of Science* ed. P. H. Nidditch. Oxford University Press, 1968.

The Anatomy of Inquiry. Israel Scheffler. Knopf, 1963, 258–295.

"Confirmation without Paradoxes." William Baumer in *British Journal for the Philosophy of Science* 15 (1964): 177–195.

"Recent Work in Inductive Logic." Henry Kyburg in *American Philosophical Quarterly* 1(1964): 249–287.

"The Paradoxes of Confirmation." R. H. Vincent in *Mind* 73 (1964): 273–279.

"Confirmation, the Paradoxes, and Positivism." J. W. N. Watkins in *The Criti-*

cal *Approach to Science and Philosophy*, ed. Mario Bunge. Free Press, 1964.

Aspects of Scientific Explanation. Carl Hempel. Free Press, 1965.

"Instantiation and Confirmation." George Schlesinger in *Boston Studies in the Philosophy of Science*, ed. R. S. Cohen and W. W. Wartofsky. Vol. 2. Humanities Press, 1965.

"Hempel and Goodman on the Ravens." David Stove in *Australasian Journal of Philosophy* 43, December 1965.

"Notes on the Paradoxes of Confirmation." Max Black in *Aspects of Inductive Logic*, ed. Jaakko Hintikka and Patrick Suppes. North Holland Publishing Company, 1966. Reprinted in Max Black, *Margins of Precision*. Cornell University Press, 1970.

"A Logic for Evidential Support." L. J. Cohen in *British Journal for the Philosophy of Science* 17 (1966): 105–126.

"Recent Problems of Induction." Carl Hempel in *Mind and Cosmos*, ed. Robert Colodny. University of Pittsburgh Press, 1966.

"Relevance and the Ravens." C. A. Hooker and David Stove in *British Journal for the Philosophy of Science* 18 (1966): 305–315.

"Hempel's Paradox." David Stove in *Dialogue* 4 (1966): 444–455.

"A Bayesian Approach to the Paradoxes of Confirmation." Patrick Suppes in *Aspects of Inductive Logic*, ed. Jaakko Hintikka and Patrick Suppes. North Holland Publishing Company, 1966.

"The Paradoxes of Confirmation." G. H. von Wright in *Aspects of Inductive Logic*, ed. Jaakko Hintikka and Patrick Suppes. North Holland Publishing Company, 1966.

"The White Shoe is a Red Herring." I. J. Good in *British Journal for the Philosophy of Science* 17 (1967): 322.

"The White Shoe: No Red Herring." Carl Hempel in *British Journal for the Philosophy of Science* 18 (1967): 239–240.

"Confirmation, Qualitative Aspects." Carl Hempel in *The Encyclopedia of Philosophy*. Vol. 2. Macmillan, 1967.

"Baumer on the Confirmation Paradoxes." Howard Kahane in *British Journal for the Philosophy of Science* 18 (1967): 52–56.

"The White Shoe qua Herring is Pink." I. J. Good in *British Journal for the Philosophy of Science* 19 (1968): 156–157.

"Relevance and The Ravens." C. A. Hooker and D. Stove in *British Journal for the Philosophy of Science* 18 (1968): 305–315.

"On 'Ravens and Relevance' and a Likelihood Solution of the Paradox of Confirmation." L. Gibson in *British Journal for the Philosophy of Science* 20 (1969): 75–80.

"Eliminative Confirmation and Paradoxes." Howard Kahane in *British Journal for the Philosophy of Science* 20 (1969): 160–162.

"The Relevance Criterion of Confirmation." J. L. Mackie in *British Journal for the Philosophy of Science* 20 (1969): 27–40.

"Imagination and Confirmation." Gilbert Walton in *Mind* 78 (1969): 580ff.

The Principles of Scientific Thinking. Rom Harré. Macmillan, 1970, 119–122.

"Theories and the Transitivity of Confirmation." Mary Hesse in *Philosophy of Science* 37 (1970): 50–63.

"Inductive Independence and Confirmation." Jaakko Hintikka in *Essays in*

Honor of Carl G. Hempel, ed. Nicholas Rescher. D. Reidel, 1970.

"The Paradoxes of Confirmation—A Survey." R. G. Swinburne in *American Philosophical Quarterly* 8 (1971): 318–330.

Probability and Evidence. A. J. Ayer. Macmillan, 1972.

"Confirmation." Wesley Salmon, in *Scientific American*. (May 1973): 75–83.

An Introduction to Confirmation Theory. R. G. Swinburne. Methuen, 1973.

"Logical versus Historical Theories of Confirmation." Alan Musgrave, in *British Journal, for the Philosophy of Science* 25 (1974): 1–23.

Confirmation and Confirmability. George Schlesinger. Chapter 1. Oxford University Press, 1974.

"Has Harré Solved Hempel's Paradox?" Nicholas Griffin in *Mind* 84 (1975): 426–430.

"Selective Confirmation and the Ravens." R. H. Vincent in *Dialogue* 14, March 1975.

"Urning a Resolution of Hempel's Paradox." Stuart Meyer in *Philosophy of Science* 44 (1977): 292–296.

"Hempel's Ravens." Martin Gardner in *Aha! Gotcha*. W. H. Freeman, 1982, 133–135.

"The Context of Prediction (and the Paradox of Confirmation)." Tony Lawson in *British Journal for the Philosophy of Science* 36 (1985): 393–407.

"Confirmation, Paradoxes, and Possible Worlds." Shelley Stillwell in *British Journal for the Philosophy of Science* 36 (1985):19–52.

圣彼得堡悖论

"The Application of Probability to Conduct." John Maynard Keynes in *The World of Mathematics*, ed. James Newman. Simon and Schuster, 1956.

Mathematical Recreations and *Essays*. W. W. Rouse Ball and H. S. M. Coxeter. 13th ed. Dover, 1987, 44–45.

廿点游戏与河内塔

廿点游戏

"Sir William Hamilton's Icosian Game." A. S. Herschel in *Quarterly Journal of Applied Mathematics* 5 (1862): 305.

The Life of Sir William Rowan Hamilton Robert Graves. Vol. 3. Dublin, 1882–1889, 55ff.

河内塔

The Canterbury Puzzles. H. E. Dudeney. Thomas Nelson, 1919. Dover reprint, 1958.

"Some Binary Games." R. S. Scorer, P. M. Grundy, and C. A. B. Smith in *Mathematical Gazette* 28 (1944): 96–103.

"The n-Dimensional Cube and the Tower of Hanoi." D. W. Crowe in *American Mathematical Monthly* 63 (January 1956): 29–30.

The Masterbook of Mathematical Recreations. Frederick Schuh. Dover, 1968, 119–121.

"The Tower of Brahma Revisited." Ted Roth in *Journal of Recreational Mathe-*

matics 7 (Spring 1974): 116–119.

"Tower of Hanoi with More Pegs." Brother Alfred Brousseau in *Journal of Recreational Mathematics* 8 (1975–1976): 169–176. 这篇文章和前面那篇文章转载于 *Mathematical Solitaires and Games*, ed. Benjamin Schwartz. Baywood, 1980.

Combinatorial Algorithms: Theory and Practice. E. M. Reingold, J. Nievergelt, and N. Deo. Prentice-Hall, 1977, 29–30.

"Another Look at the Tower of Hanoi." Michael Shwarger in *Mathematics Teacher* (September 1977): 528–533.

"The Cyclic Tower of Hanoi." M. D. Atkinson in *Information Processing Letters* 13 (1981): 118–119.

"The Towers of Brahma and Hanoi Revisited." Derick Wood in *Journal of Recreational Mathematics* 14 (1981–1982): 17–24.

"Computer Recreations." A. K. Dewdney in *Scientific American* (November 1984): 19–28.

"Towers of Hanoi and Analysis of Algorithms." Paul Cull and E. F. Ecklund, Jr., in *American Mathematical Monthly* 92 (June–July 1985): 407–420.

"The Binary Gray Code." Martin Gardner in *Knotted Doughnuts and Other Mathematical Entertainments*, Chapter 2. W. H. Freeman, 1986.

Mathematical Recreations and Essays. W. W. Rouse Ball and H. S. M. Coxeter. 13th ed. Dover, 1987, 316–317.

"All you ever wanted to know about the Tower of Hanoi but were afraid to ask." W. F. Lunnon, 未出版的打印件。

古怪的拓扑模型

"A Non-Singular Polyhedral Möbius Band whose Boundary is a Triangle." Bryant Tuckerman in *American Mathematical Monthly* 55 (May 1948): 309–311.

"Topology." Albert W. Tucker and Herbert S. Bailey, Jr., in *Scientific American* 182 (January 1950): 18–24.

Mathematical Models. H. Martyn Cundy and A. P. Rollett. Clarendon Press, 1952.

Intuitive Concepts in Elementary Topology. Bradford Arnold. Prentice-Hall, 1962.

Experiments in Topology. Stephen Barr. Crowell, 1964.

Visual Topology. W. Lietzmann. Chatto and Windus, 1965.

"Klein Bottles and Other Surfaces." Martin Gardner in *The Sixth Book of Mathematical Games from Scientific American*, chapter 2. University of Chicago Press, 1983.

"No-Sided Professor." Martin Gardner in *The No-Sided Professor and Other Tales of Fantasy, Humor, Mystery, and Philosophy*. Prometheus Books, 1987.

迷人纳什棋

"Computers and Automata." Claude Shannon in *Proceedings of the Institute of Radio Engineers* 41 (October 1953): 1234ff.

Signs, Symbols, and Noise. John Pierce. Harper's, 1961, 10–13.

"The Game of Hex." Anatole Beck in *Excursions in Mathematics*, ed. Anatole Beck, Michael Bleicher, and Donald Crowe. Worth, 1969.

"A Winning Opening in Reverse Hex." Ronald Evans in *Journal of Recreational Mathematics* 7 (Summer 1974): 189–192.

"Some Variants of Hex." Ronald Evans in *Journal of Recreational Mathematics* 8 (1975–1976): 120–122.

"Hex Must Have a Winner." David Berman, in *Mathematics Magazine* 49 (March 1976): 85–86. 参见同卷第156页的两封评论信。

"The Game of Hex and the Brouwer Fixed Point Theorem." David Gale in *American Mathematical Monthly* 86 (December 1979): 818–827.

"Some Remarks about a Hex Problem." Claude Berge in *The Mathematical Gardner*, ed. David Klarner. Prindle, 1981, 25–27.

"Kriegspiel Hex." Duane Broline, solution to Problem 1091, in *Mathematics Magazine* 84 (March 1981): 85–86.

"Dodgem and Other Simple Games." Martin Gardner in *Time Travel and Other Mathematical Bewilderments*, chapter 12. W. H. Freeman, 1988.

萨姆·劳埃德：伟大的美国趣味数学家

劳埃德的作品

Chess Strategy: A Treatise on the Art of Problem Composition. Sam Loyd. Elizabeth, NJ: 1878年内部出版。收集了劳埃德的500个象棋排局问题。

Sam Loyd's Puzzles: A Book for Children. Ed. Sam Loyd, Jr. David McKay,

1912.

Sam Loyd's Cyclopedia of 5000 Puzzles, Tricks, and Conundrums. Ed. Sam Loyd, Jr. Lamb Publishing Co., 1914.

Sam Loyd's Picture Puzzles. Ed. Sam Loyd, Jr. New York: 1924年内部出版。

Sam Loyd and His Puzzles. Ed. Sam Loyd, Jr. Barse, 1928.

Mathematical Puzzles of Sam Loyd. Ed. Martin Gardner. Vols 1 and 2. Dover, 1959 and 1960.

Eighth Book of Tan: Seven Hundred Tangrams. Sam Loyd. Dover, 1968. 劳埃德珍品重印本。

关于劳埃德的资料

"The Prince of Puzzle - Makers." Interview with Loyd by George Bain in *Strand Magazine* 34 (December 1907): 771–777.

"My Fifty Years in Puzzleland." Interview with Loyd by Walter Eaton in *Delineator* (April 1911): 274ff.

Sam Loyd and His Chess Problems. Alain White. Whitehead and Miller, 1913. Dover reprint, 1962.

"Advertising Premiums." Martin Gardner in *Wheels, Life, and Other Mathematical Amusements*, chapter 12. W. H. Freeman, 1983.

"14–15"滑块游戏

"Notes on the '15' Puzzle." William Johnson in *American Journal of Mathematics* 2 (1879): 397–399.

"Notes on the '15' Puzzle, II." William Story in *American Journal of Mathe-*

matics 2 (1879): 399–404.

"A New Look at the Fifteen Puzzle." E. E. Spitznagel, Jr., in *Mathematics Magazine* 40 (September 1967): 171–174.

"Rotating the Fifteen Puzzle." A. L. Davies in *Mathematical Gazette* 54 (October 1970): 237–240.

"Some Generalizations of the 14–15 Puzzle." Hans Liebeck in *Mathematics Magazine* 44 (September 1971): 185–189.

"Systematic Solutions of the Famous 14–15 Puzzles." Alan Henney and Dagmar Henney in *Pi Mu Epsilon Journal* 6 (Spring 1976): 197–201.

"The 14–15 Puzzle." A. K. Austin in *Mathematical Gazette* 63 (March 1979): 45–46.

Sliding Piece Puzzles. L. E. Hordern. Oxford University Press, 1986. 其书目中列出了"14–15"滑块游戏的 50 多本文献。

几何隐遁

Mathematics, Magic, and Mystery. Martin Gardner. Chapters 7 and 8. Dover, 1956.

"The Disappearing Man and Other Vanishing Paradoxes." Mel Stover in *Games* (November–December 1980): 14–18.

数学扑克戏法

Chance and Choice by Cardpack and Chessboard: An Introduction to Probability in Practice by Visual Aids. Lancelot Hogben. Vol. 1. Chanticleer, 1950.

Scarne on Card Tricks. John Scarne, Crown, 1950.

Mathematics, Magic and Mystery. Martin Gardner. Dover, 1956.

Mathematical Magic. William Simon. Scribner's, 1964.

Self-Working Card Tricks. Karl Fulves. Dover, 1976.

记　数

"Mnemonic Verses and Words." Charles Peirce in *Baldwin's Dictionary of Philosophy and Psychology.* 1902.

"Mnemonics." John Malcolm Mitchell in *Encyclopedia Britannica.* 11th ed. 1911. 极好的史料, 有早先出版的书目和参考文献。

Memorizing Numbers. Bernard Zufall. New York: 1940 年内部出版。

Stop Forgetting. Bruno Furst. Garden City, 1949.

The Roth Memory Course. David Roth. 这本 1918 年的著名函授教程 1954 年由 Writers Publishing Company 作为单卷本发行, 后来又由 Dial Press 发行。它仍然是现代记忆术的最佳作品。

How to Develop a Super-Powerful Memory. Harry Lorayne. Frederick Fell, 1957. Signet reprint 1974.

Bibliography of Memory. Dr. Morris Young. Chilton, 1961. 曼哈顿一位眼科专家和记忆系统书籍收藏家在书目中列出了 6000 多种文献。

Course in Memory and Concentration. Bruno Furst. 1948 年开始出版的一套函授教程。后来重印在题为《你能记住!》(*You Can Remember!*) 的 1963 年芝加哥内部出版的十本小册子里。

Know Your Toes. William Jayme and Roderick Cook. Clarkson Potter, 1963.

The Art of Memory. Frances Yates. University of Chicago Press, 1966.

Mnemonics. for Anatomy Students. David Gerrick. Dayton Labs, 1975.

Secrets of Mind Power. Harry Lorayne. Signet, 1975.

"Mnemonics." Martin Gardner in *Encyclopedia of Impromptu Magic*. Magic, Inc., 1978, 385–392.

Mnemonics, Rhetoric, and Poetics for Medics. Robert Bloomfield and Ted Chandler (Vol. 1) and Carolyn Pedley et al. (Vol. 2). Harbinger, 1982 and 1984.

Mnemonics and Tactics in Surgery and Medicine. Shipman. Year Book Medical Pubs., 1985.

The Memory Book. Jerry Lucas and Harry Lorayne. Ballantine, 1985.

The Absent-Minded Professor's Memory Book. Michele Slung. Ballantine, 1985.

Harry Lorayne's Page-a-Month Memory Book. Harry Lorayne. Ballantine, 1986.

多 联 骨 牌

"Checkerboards and Polyominoes." S. W. Golomb in *American Mathematical Monthly* 61 (December 1954): 675–682.

"Dissection." Thirty-eight pentomino and hexomino constructions. W. Stead in *Fairy Chess Review* 9 (December 1954): 2–4. 该刊地址是 49 Manor Street, Middlesbrough, Yorks., England；1958 停刊。

"Programming a Combinatorial Puzzle." Dana S. Scott. Technical Report No. 1, 10 June 1958, Department of Electrical Engineering, Princeton University.

Polyominoes. S. W. Golomb. Scribner's, 1965. 这是一本基础参考书，早已绝

版,正在修订并出新版。

"Polyominoes and Fault-Free Rectangles." Martin Gardner in *New Mathematical Diversions. from Scientific American*. Simon and Schuster, 1966. University of Chicago Press reprint, 1983, Chapter 13.

Imperial Earth. Arthur C. Clarke. Harcourt, 1976. 一套五联骨牌可以拼出作为生活中各种可能出现组合的象征符号的图案。

"Polyominoes and Rectification." Martin Gardner in *Mathematical Magic Show*, Chapter 13. Knopf, 1977.

"Help, I'm a Pentomino Addict!" Arthur C. Clarke in *Ascent to Orbit*. Wiley, 1984.

"Tiling with Polyominoes." Martin Gardner in *Time Travel and Other Mathematical Bewilderments*. W. H. Freeman, 1988.

谬　　误

Riddles in Mathematics: A Book of Paradoxes. Eugène P. Northrop. Van Nostrand, 1944.

Paradoxes and Common Sense. Aubrey Kempner. Van Nostrand, 1959.

Fallacies in Mathematics. E. A. Maxwell. Cambridge University Press, 1959.

Lapses in Mathematical Reasoning. V. M. Bradis, V. L. Minkovskii, and A. K. Kharcheva. Pergamon, 1963.

Mistakes in Geometric Proofs. Ya. S. Dubnov. Heath, 1963.

"Geometrical Fallacies." Martin Gardner in *Wheels, Life, and Other Mathematical Amusements*. W. H. Freeman, 1983.

尼姆游戏与十六子棋

"Nim, a Game with a Complete Mathematical Theory." Charles L. Bouton in *Annals of Mathematics*, ser. 2 (1901–1902): 35–39.

"A Generalization of the Game called Nim." S. H. Moore in *Annals of Mathematics* 11, ser. 2 (1910): 93–94.

"The Nimatron." E. U. Condon in *American Mathematical Monthly* 49 (May 1942): 330–332.

"A New System for Playing the Game of Nim." D. P. McIntyre in *American Mathematical Monthly* 49 (1942): 44–46.

"A Machine for Playing the Game Nim." Raymond Redheffer in *American Mathematical Monthly* 55 (June–July 1948): 343–350.

"Digital Computer Plays Nim." Herbert Koppel in *Electronics*, November 1952.

"Matrix Nim." John C. Holladay in *American Mathematical Monthly* 65 (February 1958): 107–109.

"Win at Nim with Debicon." Harvey Pollack in *Popular Electronics*, January 1958.

左 还 是 右?

"On Symmetry." Ernst Mach in *Popular Scientific Lectures*, 1895.

"Left or Right?" Martin Gardner, in *Esquire*, February 1951. Reprinted in

Mathenauts: Tales of Mathematical Wonder, ed. Rudy Rucker. Arbor House, 1987.

"Is Nature Ambidextrous?" Martin Gardner in *Philosophy and Phenomenological Research* 13 (December 1952): 200–211. Reprinted in *Order and Surprise*. Prometheus Books, 1983.

Symmetry. Hermann Weyl. Princeton University Press, 1952.

The Ambidextrous Universe. Martin Gardner. Basic, 1964. Rev. ed., Scribner's, 1979.

责任编辑　卢　源
封面设计　戚亮轩

马丁·加德纳数学游戏全集
悖论与谬误
【美】马丁·加德纳　著
封宗信　译

上海科技教育出版社有限公司出版发行
（上海市闵行区号景路159弄A座8楼　邮政编码201101）
www.sste.com　www.ewen.co
各地新华书店经销　常熟市华顺印刷有限公司印刷
ISBN 978-7-5428-7232-6/O·1099
图字09-2008-075号

开本720×1000　1/16　印张16.25
2020年7月第1版　2024年7月第5次印刷
定价：55.00元